凝煉知識品味閱讀

# 圖解 土壤和肥料的基礎

図解でよくわかる 土・肥料のきほん

一般財團法人 日本土壤協會 著
鍾文鑫 譯

五南圖書出版公司 印行

# 圖解土壤和肥料的基礎

目次

## 第1章 土壤的作用與種類



## 第2章 什麼是適合作物的土壤



## 第3章 簡易土壤診斷法

## 第4章 作物的元素缺乏或過量病症



## 第5章 肥料的需求與分類



## 第6章 化學肥料的種類與特徵

## 第7章 有機質肥料的種類與特徵



## 第8章 整地與施肥的巧思



## 第9章 家庭菜園的土壤與肥料

# 第10章

## 環境的時代——土壤與肥料的未來



## 參考頁



## 專欄

「製備土壤對培養好的作物是不可欠缺的」
是常聽到的一句話。
「肥料使用方式決定了作物是否可生產、不可生產」
也是常聽到的一句話。
究竟什麼是「造土」？
此外，讓「肥料產生效果」要如何去做呢？
了解土壤的形成與機制以及肥料的種類與角色，
爲培育健康作物的第一步。

第 1 章

# 土壤的作用與種類

在1g的土壤中，有1億以上的微生物生存著。這些無數的微生物，在作物培育與種植中，對土壤產生了很多影響。

此外，日本具豐富多樣的地形，依各種不同種類的土壤，每種土壤的特性亦不相同。

我們將針對作爲栽培作物的土壤，其多樣的功能以及不同種類的差異進行研究。

# 土壤是如何形成的

## 岩石（母岩）風化變成土壤

在日本，「土」與「土壤」是屬於兩個意思非常接近的詞彙。「土」為一般的通稱，而「土壤」則為農業所使用的稱呼。「壤」具有「鬆軟的土壤」、「肥沃的土壤」及「為作物生長的土壤」等意思。土壤是由岩石、火山灰、植物殘骸等物質構成。土壤的形成由岩石風化開始（下頁）。

①**母岩因風化而開始崩解**：地表的岩石（母岩），因受到氣候的風化作用而崩解，所產生的碎片堆積在母岩上。

②**土壤基質的移動、堆積**：在陡坡多雨的日本，母岩的碎片在被河流搬運過程中，被切割成小塊的石頭與砂子，然後移動到下游地區。此外，在被稱為火山國的日本，還有其他由火山所噴發出來的火山灰基質堆積在地表。

③**開始土壤化**：從砂與火山灰中溶出的水溶性無機物，透過反應形成被稱為「黏土礦物」的微小顆粒。在地表所堆積的礦物質粒子層，棲息著地衣類（苔蘚類）與微生物，而微生物可分解植物殘體，所分解的一部分成為「腐植」（黑色土壤有機物）而累積。

④**土壤化進行、土壤層分化**：由於砂粒、黏土礦物、溶出之無機物、土壤有機物等的量增加，這些物質相互反應形成「團粒結構」，加速土壤形成作用。土壤層從地表開始分為A層（腐植質豐富的黑色土壤）、B層（黏土與鐵化合物沉積的褐色土層）、C層（母岩崩壞物與母岩）。

## 人的手亦是形成農業土壤的因子

土壤以基質作為主原料，主要由有機物與無機物所組成，會受到氣候、地形及生物的影響，為經過長時間後形成的「自然體」，而這些所謂的「基質」、「氣候」、「地形」、「生物」、「時間」，被稱為「土壤形成因子」。其他「人為」也被加到土壤形成因子之中。

農業用地土壤受人類的影響很大，其中的代表是「水田土壤」（第22頁）。雖然水田土壤本身是大自然創造的土壤，但當人類在做畦，並以水灌溉時，形成了水田才有的獨特斷面結構土壤。

已開墾成為農地的土壤，透過進行耕作，將土壤表層的A層與下方一部分B層混合，形成了鬆軟的「作土」；而作土下層未被耕作混合之B層與C層稱為「下層土」。

土壤就像皮膚一樣，只覆蓋在地球的表面。包含山區土壤的平均厚度也只有18cm（陽捷行「土壤圈與大氣圈」、1994）。此外，因人為操作不當的關係，造成土壤快速劣化。

# 從岩石到土壤

## 土壤的生成過程

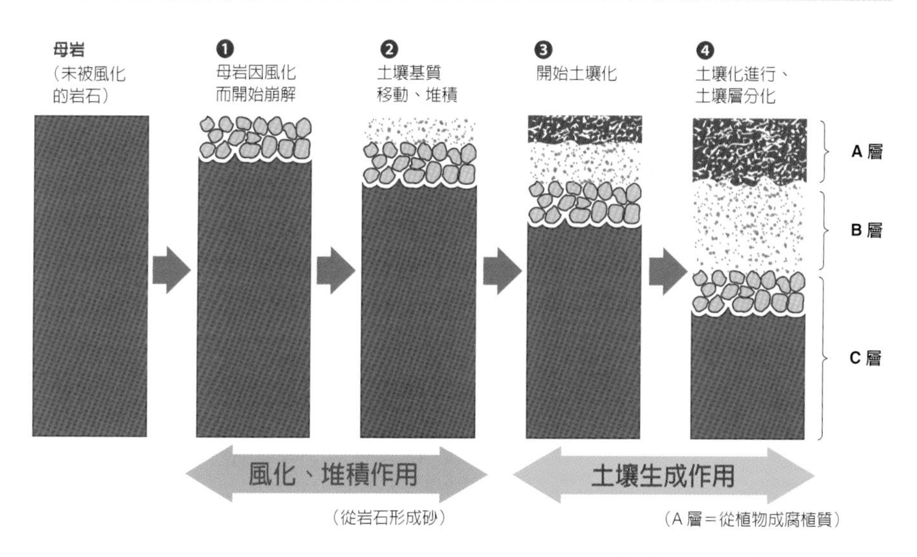


（自「栽培環境」農文協部分改編）

## 土壤的定義與形成因子

① 土壤是受到氣候、地形、基質、生物等影響，所生成具獨特形態的自然體。
② 土壤是具有物理、化學、生物性質的自然體。

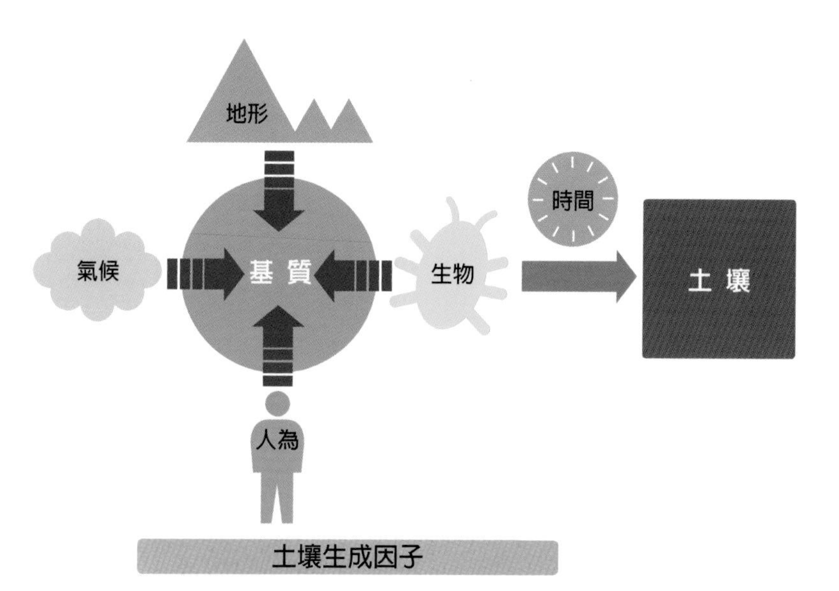


（資料：「土與施肥的新知識」全國肥料商連合會）

# 土壤的三相與團粒的形成

## 在有水與空氣的土壤中

如第8頁所述，最初可培育植物與其他生物的土壤，是由岩石風化物與植物屍體自動分解物在經過長期自然活動下所產生的。

藉由上述所產生的土壤，是由大量礦物顆粒與土壤有機質等大小顆粒所組成的一種多孔性物質，而顆粒間隙保持著水分與空氣。固體部分（土壤粒子、動植物分解物）稱爲「固相」，水的部分稱爲「液相」，空氣部分稱爲「氣相」，這就是「土壤的三相構造」。

所謂三相分布（三者所占體積之比），是表示土壤硬度、通氣性、保水性等物理狀態，但對養分保持、根系生長等植物生長有重要影響。

固相可支持根部，並調節養分的供給。

氣相可提供氧氣給根，而液相則是提供水分與養分給根。

所以三相平衡的好與壞，對作物生長有很大的影響。

## 土壤、水、空氣的良好平衡

固相的比率稱爲固相比，水分的體積比稱爲水分比，空氣的體積比稱爲空氣比。

此外，水分比與空氣比的總比率稱爲「孔隙率」。

固相比受土壤質地的影響很大，一般而言，黏土較多、砂較少的土壤其固相比較高（土壤質地分類，第20頁）。然而，固相比無法只由土壤質地決定。在以火山灰爲基質之火山灰土等，土壤有機物含量高的土壤中，因「團粒化」而增加孔隙率，導致固相比降低。此外，液相與氣相的比例，會依據降雨量、地下水位、排水特性等而產生變化。

此外，三相分布（固相比、水分比、空氣比）會根據耕作方法或有機物施用等農業操作而發生改變。下頁將介紹三相分布最適比例的例子。

## 產生適當孔隙的團粒結構

適合種植作物的土壤，除需保留所降下的雨水外，同時亦需要能適當排水。另提供根足夠的氧氣與水溶性肥料成分也很重要。而這是需要土壤有適當的孔隙度（間隙），因此有必要在土壤中形成「團粒構造」。

所謂團粒結構，是由土壤顆粒（黏土與腐植質）所結合形成的集合體，再透過此集合體所形成較大集合體的狀態。

在田間土壤中，「土壤團粒」的形成可決定養分保持、通氣性、排水性，甚至是保水性的好壞。

# 從三相看土壤的形態

## 土壤的三相分布

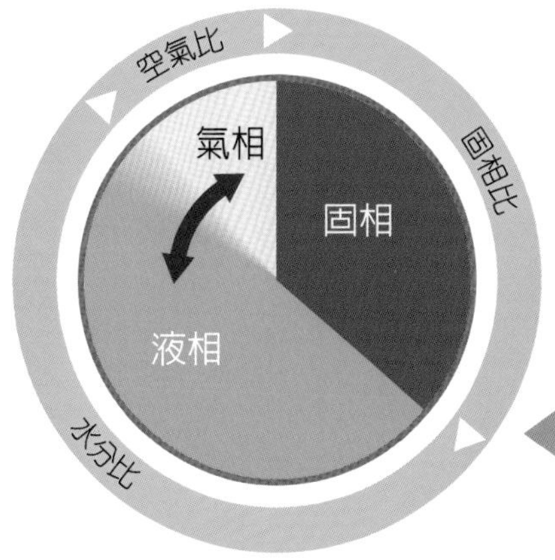


| 固相的組成 | 固相比 | |
|---|---|---|
| 液相的組成 | 水分比 | 孔隙比 |
| 氣相的組成 | 空氣比 | |
| 合計 | 100% | |

← 三相分布模式圖

（資料：「土與施肥的新知識」全國肥料商連合會）

## 三相分布的適合比率

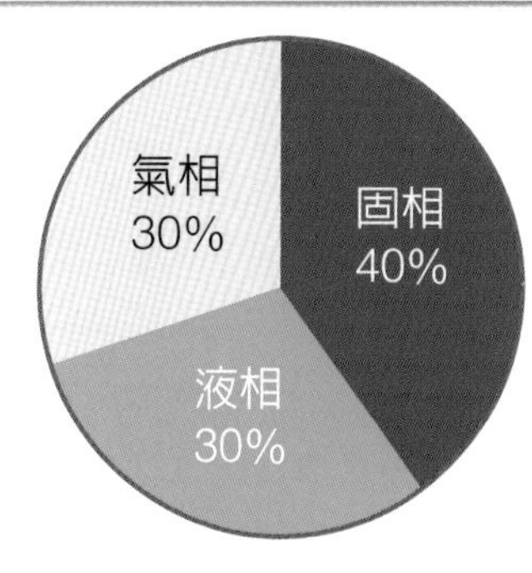


| 固相 | 土的性質 |
|---|---|
| 50 以上 | 太硬 |
| 約 40 | 良好 |
| 約 30 | 太軟 |

在團粒常發生的田土中，這種程度的比率是健康。然而，氣相與液相的比例會依據乾燥程度而變化

## 土壤的團粒構造（模式圖）

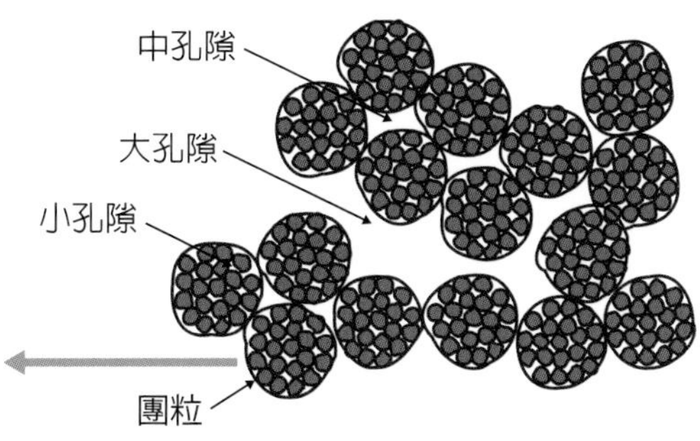


空氣可在大孔隙中流通，而中、小孔隙可保持有效水

（資料：「土與施肥的新知識」全國肥料商連合會）

# 可增加地力之腐植質的力量

## 什麼是土壤有機物（腐植質）

在農業用地中，爲了能穩定作物的生產量，每年都會在田間施用堆肥等有機物。

所謂的有機物，是含碳（C）物質的總稱。不管是落葉、稻草或是稻穀，當有機物施用到土壤時，會被微生物等分解，分解後的有機物會轉變成黑色的有機化合物。包含微生物在內的土壤中動植物遺體，在經分解、變化後會使土壤變黑。這種黑色物質稱爲腐植質，與土壤有機物具有相同的含義。而肥沃的土壤，是富含腐植質的土壤。當土壤中的腐植質越多時，就會變成深黑色。

腐植質可以說是有機物透過微生物利用後的殘餘物，其成分會隨分解、重組的程度不同而呈現多樣化。其中，組成特別複雜、不易分解的有機化合物稱爲「腐植物質」（腐植質）。土壤中的腐植質越多，土壤肥力就越高，腐植質在土壤中具有重要的作用。

## 腐植質的各種角色

**①保存土壤中的無機養分：**腐植質因爲帶電的關係，對陽離子有較大的吸附作用，故可增強保肥力。腐植質多的土壤具有好的保肥性，即使多施了一點肥也不會造成肥傷。

**②土壤團粒化：**腐植質與黏土礦物結合，也可作爲類似膠水之用途，將砂子與黏土黏合在一起，使土壤團粒化。利用這種方式所形成的團粒，可在土壤中形成孔隙，並提高保水性、透水性、通氣性。

**③抑制pH波動（緩衝作用）：**當腐植質較多的時候，可抑制因施肥的酸鹼性物質所引起的pH變動。

**④鋁的不活性化（磷酸的有效化）：**在火山灰土壤中所富含的鋁會與磷酸結合，造成作物無法吸收磷酸的狀態。腐植質可與這種鋁結合使其失活，讓磷酸更有效率被利用。

**⑤生理活性（促進生長）效果：**腐植質中含有生長素與細胞分裂素等植物生長賀爾蒙，具有促進生長的作用。當有大量的根形成時，可成長爲抗病很強的作物。

## 為何腐植質多仍稱「瘦（貧瘠）土」

富含腐植質的土壤是肥沃的土壤，但也有例外。以占日本一半田地、具有豐富腐植質的「黑土」（以火山灰爲基質）爲例，原本是一種強酸性且缺乏磷酸的貧瘠土壤。透過使用石灰質資材改善酸度，並積極施用熔磷肥（難以固定在土壤中，第72頁），可成爲高評價的田間土壤。由於像黑土一樣高腐植化的腐植質，很難分解成爲土壤微生物的養分，因此爲提高微生物活性，需施用可作爲微生物食物的有機物。

# 腐植質提高肥力的理由

## 土壤有機物（腐植質）的 5 種力量

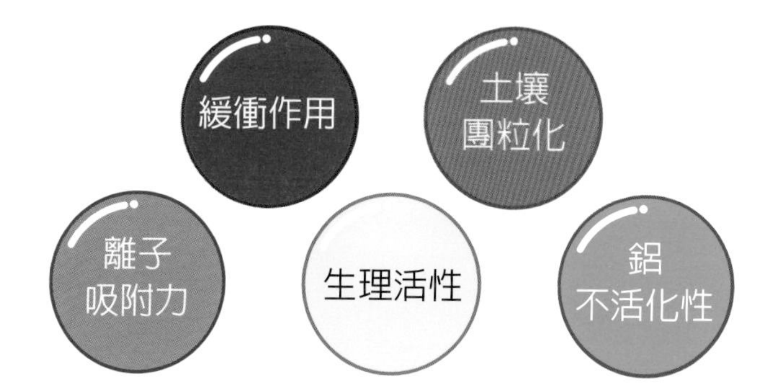


## 團粒化與腐植質的作用

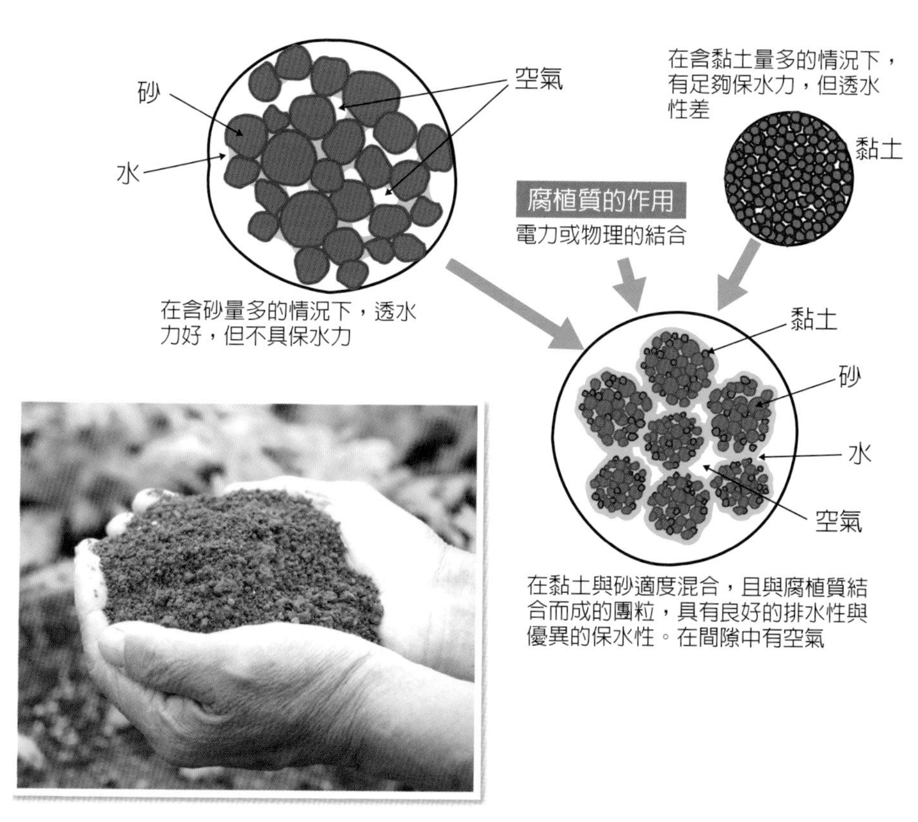


（資料：藤原俊六郎「新版　圖解　土壤的基礎知識」農文協）

# 土壤生物的作用

## 土壤動物與土壤微生物

在土壤中，除蚯蚓與蟎類等土壤動物外，還棲息著細菌與眞菌等大量的土壤微生物。土壤動物與土壤微生物所扮演的主要角色爲共同參與有機物分解與無機化（爲作物提供養分）的過程。

**【土壤動物】**依體長可從大型到小型分爲4種（下頁）。例如，大型動物中的蚯蚓會取食落葉等有機物，而有80％的有機物會以糞便的形式排出體外。大型動物中的土鱉等會取食這些糞便，並排出糞便。透過這些中繼接替動作，從中型動物轉移給小型動物，過程中有機物會被磨細，並與土壤顆粒混合，再交由土壤微生物持續分解這些有機物。

**【土壤微生物】**主要分爲細菌（Bacteria）、放線菌、眞菌（黴菌）、藻類（常見於稻田）。據說1克土壤中棲息著1億以上的微生物，但其中大部分是細菌，包含好氧菌與厭氧菌（甲烷菌等）。

眞菌（黴菌）的數量是細菌的10～100分之1倍，在土壤中主要以菌絲存在，重量比超過細菌，屬好氧性，對難分解之有機物具較高的分解效率。

放線菌特性介於細菌與眞菌中間，是具絲狀的微生物。許多放線菌具有製造抗生素的特性，有些亦具有抑制有害菌類的功能。放線菌具有產生特有土壤氣味的特性。

有機物的分解與微生物間關係，可透過製備促進人爲分解之「堆肥」的過程中進行說明。

## 有益菌接替分解有機物

用適量的水開始分解（發酵）時，首先從糖、胺基酸、澱粉開始進行分解，細胞內的蛋白質等物質透過眞菌與好氧細菌的分解，進而在呼吸過程中引發熱能。接下來，作爲植物細胞壁成分的果膠開始分解。之後，當溫度升至50～60℃以上時，眞菌變得難以棲息，導致高溫好氧的放線菌增多。對不能被眞菌分解的纖維素（纖維質）開始進行分解。

之後，當放線菌能吃的食物耗盡時，溫度會緩慢下降，而最難分解的木質素則被眞菌中的擔子菌（菇類）開始分解。即土壤中的有機物，透過這些微生物的作用慢慢分解。

在土壤生物中，也存在對作物有害的寄生性線蟲及可引起病害的細菌與眞菌。此外，還有寄生（共生）在作物根部可提供難溶性磷酸的有益「菌根菌」。

爲了抑制有害生物的失控，培育健全作物的關鍵爲「保持多樣性」。至於能不能保持好氧菌與厭氧菌分開棲息的土壤環境，取決於土壤中是否形成「團粒構造」。

# 土壤生物的分類與特性

## 依土壤動物的體長分類

| 分類 | 體長 | 種類 |
|---|---|---|
| 巨型動物 | 20mm以上 | 蜥蜴、蛇、鼴鼠、蚯蚓 |
| 大型動物 | 2～20mm | 螞蟻、蜘蛛、馬陸、蜈蚣、土鱉 |
| 中型動物 | 0.2～2mm | 蟬尾蟲、蟎類、線蟲 |
| 小型動物 | 0.2mm以下 | 阿米巴變形蟲、鞭毛蟲、纖毛蟲、輪蟲 |

▲ 蚯蚓

▲ 土鱉

（資料：「土與施肥的新知識」全國肥料商連合會）

## 土壤微生物的種類

| 種類 | 形狀 | 大小（μm） | 特性 | 營養性 |
|---|---|---|---|---|
| 細菌 | 單細胞 | 0.5～3 | 厭氧性 | 自營、異營 |
| | | | 好氧性 | 自營、異營 |
| 放線菌 | 分支狀菌絲 | 0.5～1（菌絲寬度） | 好氧性 | 異營 |
| 真菌 | 分支狀菌絲 | 5～10（菌絲寬度） | 好氧性 | 異營 |
| 藻類 | 單細胞（連結） | 3～50 | 好氧性 | 自營 |

▲ 桿菌

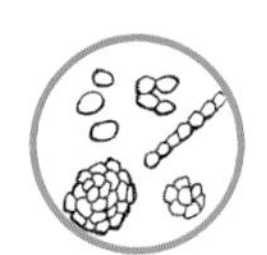

▲ 球菌

▲ 青黴菌

放線菌

▲ 線狀菌

▲ 螺旋狀菌

藻類

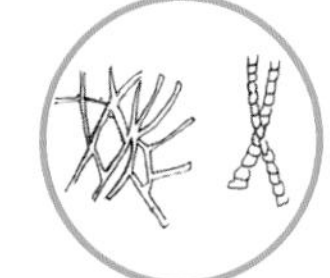

▲ 螺旋狀菌

▲ 綠藻

（資料：「土與施肥的新知識」全國肥料商連合會）

# 日本農地土壤圖

## 土壤圖是施肥設計的基礎資料

依土壤的不同，作物生產所必需之肥料的質與量會不同，因此土壤改良的方法亦會不同，如堆肥的施用量等。由於有機物的分解特性與施肥效率會依土壤種類而異，因此土壤圖也可作爲施肥設計的基礎資料。

如果想更詳細了解農地土壤的類型（區分），最好瀏覽日本國家農業環境技術研究所公開的「土壤資訊瀏覽系統（*）」。

此外，日本土壤協會販售的「地力保全土壤圖資料的CD-ROM（全國版・地方版）」，其中收錄有日本農地土壤圖與代表土壤的剖面資料。

*

日本的農業土壤大致可分爲低地土（灰色低地土等）、臺地土（褐色森林土等）、火山土（黑土等），及其他赤色土、黃色土。這些土壤特性將於第18頁進行說明。

## 土壤的種類

- 低地土（灰色低地土、灰土等）
- 臺地土（褐色森林土、灰色臺地土等）
- 火山土（黑土等）
- 赤色土、黃色土

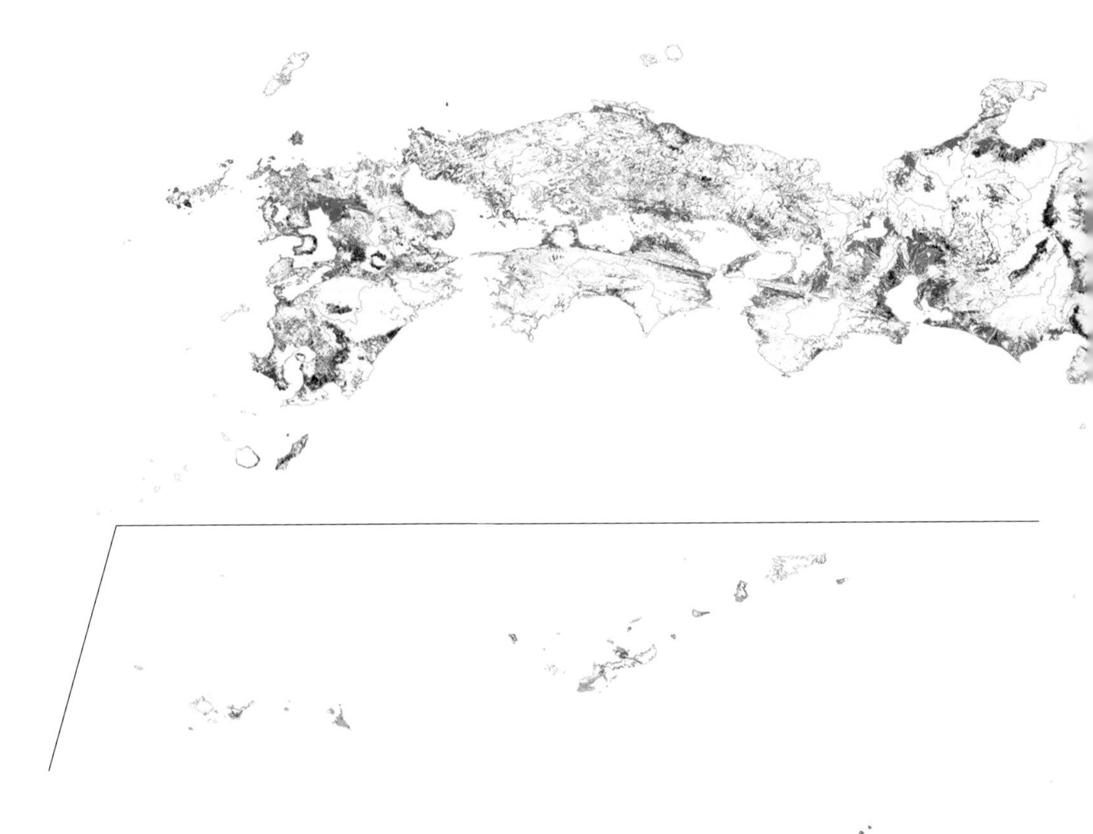

＊URL　http://agrimesh.dc.affrc.go.jp/soil_db/

（資料：日本土壤協會）

# 日本主要農地土壤群

### 對應地形具有特色之土壤分布

日本的農業土壤變化非常豐富。如下頁圖所示，從山地～丘陵、臺地～低地，對應不同地形，分布各具特色的土壤。依土壤群，其物理性與化學性不同，而這些土壤的使用方法也有所不同。

### 依地形、海拔分類的主要土壤群

**●山地的土壤**

**【褐色森林土】** 分布於山腳斜面與丘陵坡地排水良好的地區。形成於櫟樹與山毛櫸等落葉闊葉林下。腐植質層下方有褐色的B層。由於是斜坡，因此有很多礫石（第20頁），且主要多為林地，其中一部分被利用作為果園與田地。雖然林地內含有腐植質很多的暗色表層，但在田地區的腐植質通常比較少。

**●低山～丘陵地、臺地的土壤**

**【紅土、黃土】** 主要分布於日本西南部的低山～丘陵地。形成於栲屬與櫟屬等常綠闊葉林下。土壤B層的顏色因氧化鐵的顏色變成紅色與黃色。由於兩種顏色分布接近，故又稱赤黃色土。腐植質層不發達，黏土較多，故比較硬、難耕作。一般鉀與鈣等陽離子在下雨後易被雨水淋洗流失，因此土壤會酸化。在日本西南部，這類土壤被利用作為果園、茶園及菜園。

**●低地的土壤**

低地土壤也稱為沖積土，由河流上游所攜帶的沖積沉積物為基質所形成。

**【褐色低地土】** 分布於天然堤防等排水良好的地帶。在低地地區地下水位常常是最低的，B層因氧化鐵的關係呈現褐色，可利用作為菜園與果園。

**【灰色低地土】** 為排水性佳之沖積扇狀地與平原的土壤，可進行灌溉而被作為水田用。作為沖積土，因土壤肥力高，在輪作時大都種植蔬菜。

**【灰土】** 堆積於沖積平原的窪地，因排水不良呈還原狀態，具有青灰色的灰土層，主要作為水田用。

**●其他的土壤**

**【泥炭土】** 由泥炭所堆積排水不良的土壤，大多分布於北海道。氮含量高，但缺乏其他養分，物理性質較差。透過改良排水性，改善了作為水稻田的功能。

# 日本主要土壤的種類

## 對應地形之土壤的分布

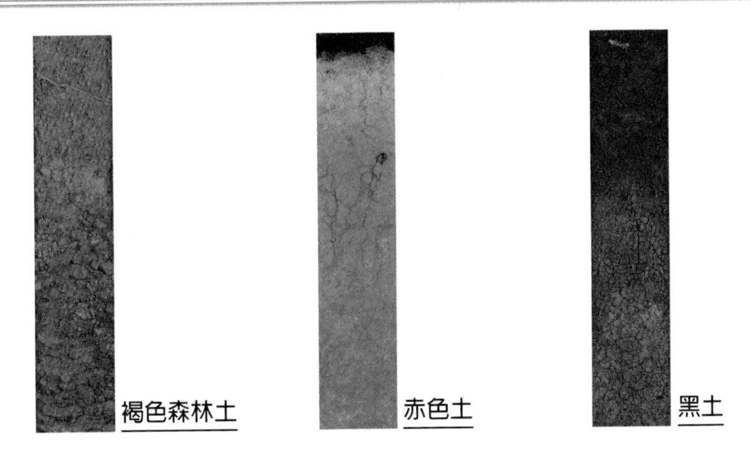


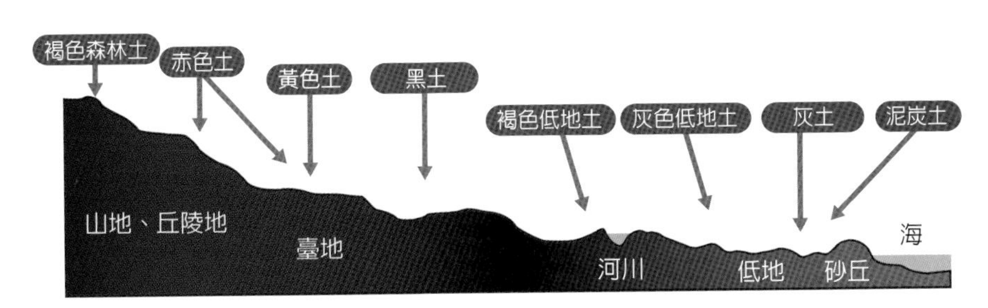


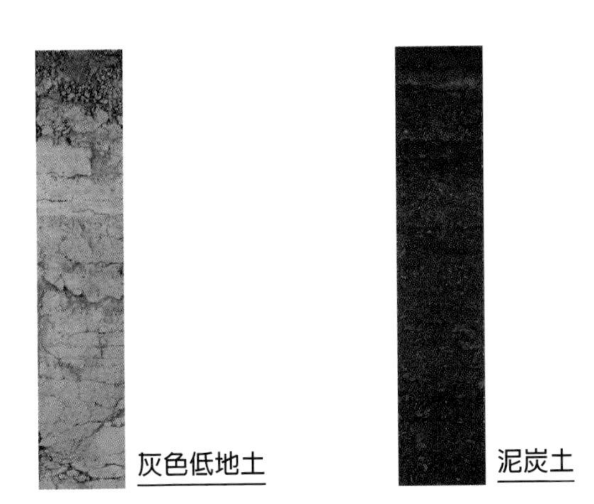


日本全體農地土壤所占的比例為灰色低地土22%、黑土19%、灰土18%、褐色森林土9%、赤色土及黃色土7%、泥炭土3%

（照片：農業環境技術研究所）
（資料：「土壤診斷與作物生育改善」日本土壤協會）

# 土壤質地分類與其特性

## 依砂、粉土、黏土的構成比例區分

作爲容易了解土壤一般性質的指南，除「農耕地土壤的分類」（第18頁）外，還有一種透過「土壤性質」進行的分類。

土壤可由粒徑爲2mm或更小的礫石與礦物粒子集合而成。礦物粒子主要以粒徑大小做區分，被分爲砂、細砂（粉土）及黏土。國際法對土壤礦物的粒徑之區分如下頁所示。砂的粒徑爲2mm以下，黏土的粒徑爲0.002mm以下。粒徑大於2mm以上的稱爲礫石，不包括在土壤性質的分析。

依大小不同之土壤礦物粒子所構成的比例來對土壤進行分類，被稱爲土壤性質。土壤性質地是除礫石以外，依砂（粗砂與細砂之和）、粉土及黏土三者的比例來區分。根據它們的混合方式，大致分爲砂質土、壤質土及黏質土。

## 土壤分成5種，最好的土壤是「壤土」

砂顆粒大，雖然具有改善空氣與水通透性的特性，但由於顆粒分散，故缺乏黏性。像黏土這樣細的顆粒越多，土壤越黏，排水性越差，但水分與養分的保持力越高。

像這樣，因土壤顆粒大小組成不同，土壤的物理與化學性質也會隨之改變，因此顯示在有砂與黏土比例（重量%）的土壤性質，在診斷土壤時是很重要的項目之一。

土壤的分類，依國際的方式從砂土到重黏土可分爲12種，但在日本（日本農學會法）分成5種（砂土、砂壤土、壤土、黏壤土、黏土）。

適合種植作物的土壤，通常是稱爲含有適當砂與黏土之土壤性質的壤土。這種土壤因在翻土時不易附著在耕耘機的犁與旋轉刀片上，所以在翻土作業上很方便。僅次於壤土，最適合種植農作物的土壤是黏土比壤土多一點的黏壤土。

## 簡易土壤性質判斷法

雖然準確地區分土壤性質需要專業分析，但有比較簡單判斷土壤性質的方法，即用拇指與食指取少量土壤一起揉搓（乾燥土可用少量水潤溼）。如果是粗糙的土，則判斷爲砂土；如果是光滑且沒有粗糙的砂子，則判斷爲黏土；如果光滑中帶有粗糙的感覺——「光滑粗糙土壤」，則判斷爲最好的壤土。

還有一種判斷方法是，用拇指與食指捏住土壤，揉搓後看看會不會硬化成棒狀。之後可透過揉搓成棒狀土的粗細，即大致可了解土中所含黏土的比例（下頁）。

# 土壤性質的區分

## 土壤中所含礦物質粒徑分類法（國際法）

（資料：「土與施肥的新知識」全國肥料商連合會）

## 用手指觸摸判斷土壤性質的方法

| 土壤性質 | 手指觸覺 | 水黏稠性 | 水流動性 | 肥沃度 |
|---|---|---|---|---|
| 砂土 | 粗糙 | ×× | ◯◯ | ×× |
| 砂壤土 | 稍光滑 | × | ◯◯ | × |
| 壤土 | 光滑粗糙 | ◯◯ | ◯◯ | ◯◯ |
| 黏質壤土 | 稍粗糙 | ◯◯ | × | ◯◯ |
| 黏質土 | 光滑 | ◯◯ | ×× | ◯◯ |

（資料：「土與施肥的新知識」全國肥料商連合會）

## 用手指判斷黏土與砂子的比例

| 區分 | 砂土 | 砂壤土 | 壤土 | 黏質壤土 | 黏質土 |
|---|---|---|---|---|---|
| 如何去感受黏土與砂子的比例 | 粗糙與幾乎只有砂子的感覺 | 大部分（70～80%）是砂子、略帶有黏土的感覺 | 砂子與黏土各半的感覺 | 大部分是黏土、部分（20～30%）有砂子的感覺 | 幾乎沒有砂子的感覺、黏稠狀黏土的感覺強烈 |
| 透過分析之黏土百分比 | 12.5%以下 | 12.5～25.0% | 25.0～37.5% | 37.5～50.0% | 50.0%以上 |
| 簡易判斷法 | 無法變硬 | 可以變硬，但不能形成棒狀 | 可變成像鉛筆一樣粗 | 可變成像火柴棒一樣粗 | 可變成像蕊線一樣細長 |

（資料：YANMAR網頁 「土壤製作的推薦」）

# 從旱田與水田看土壤的特徵

## 田間土壤容易耗費土壤肥力

田地主要分布在山腳、丘陵及臺地。由於日本各地都有火山，所以位於臺地上的田地裡有很多火山灰土壤。在日本的田土（117萬ha）中，黑土（火山灰土）的比例約占一半（下頁）。另有褐色森林土、褐色低地土、紅土、黃土等統稱爲礦質田的土壤（腐植質很少的非火山灰土），含有這些土壤的田地很多。

田間土壤具有以下共同特徵：

①鈣、鎂含量低的土壤多，於降雨或連作下容易酸化。

②由於土壤常常暴露在空氣中並保持氧化狀態，因此有機物分解得很快。透過微生物進行的硝酸化作用很活躍，氮素肥料迅速變成易溶於水的硝酸鹽，導致氮素易滲透到地下或地表逕流而流失。

③田間土壤對肥料具高度依賴性。由於常處於氧化狀態，因此水稻土更易消耗土壤地力，無法透過灌溉水提供所需養分。

④如果連續種植同一作物，很可能會出現連作障礙。

## 水稻田可支援水稻連作

水稻田遍布日本各地，主要分布在低地平原。作爲水稻田使用的土壤（249萬ha），將近有70％爲灰色低地土與灰土（下頁）。

水稻田土壤的特徵如下：

①在水田中，土層底部會被固化形成「犁地」，可減少漏水與長期維持湛水狀態。氧氣可藉由溶解在灌溉水中供應，並送達至土壤表面到數毫米深之處，形成紅色氧化層。於氧化層中的微生物會消耗氧氣，緊接著在其下方會因氧氣不足變成還原層。

②由於在夏季因湛水變成還原狀態與在冬季因排水變成氧化狀態一直重複，有機物與礦物質會逐步分解，並提供作物所必需的養分（在還原層也有脫硝作用）。

③水稻田土壤對肥料的依賴度較一般田地低。此由於與土壤中鐵結合而變成的不溶性磷酸，在水田土壤於湛水下會溶出，容易被水稻吸收。此外，鉀與其他微量元素在水稻田土內也大量累積，也可藉由灌溉水供給。生活在水中的藍藻類會積極固定大氣中的氮素，保持水稻田的肥力。如此一來，水稻田因天然養分供應充足，農作物無需太多肥料也能生長。

④在土壤氧化、還原不斷重複的過程中，因微生物會被替換，病原菌很少會在水稻田中累積。且由於對根部有害的物質也會被分解，多餘的養分流失，因此在經過長期連作下，具有不會發生連作障礙的特點。

# 田土與水田土壤

## 田土的剖面與土壤種類比例

田土的土壤種類比例

（117萬ha，2010）

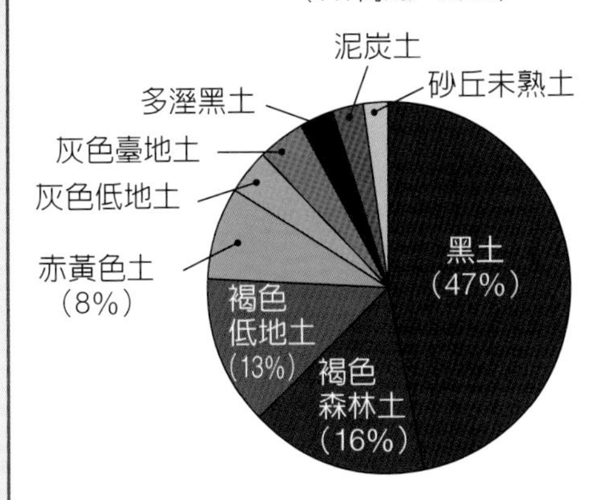


田土的剖面

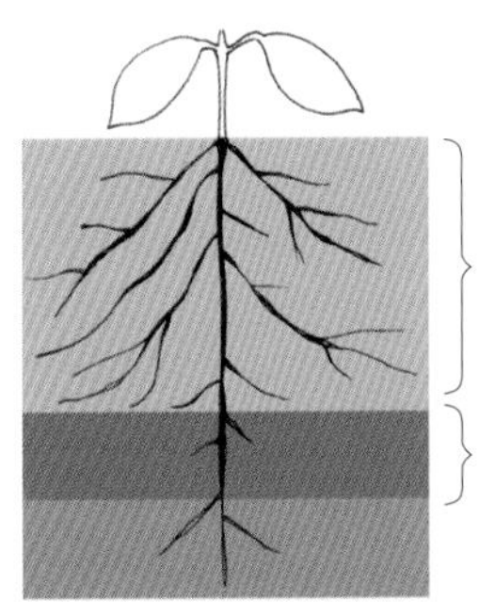

土壤化育層

由於氧氣的流入，使有機物的分解活躍

犁底層

## 水田土壤的剖面與土壤種類比例

水田土壤的土壤種類比例

（249萬ha，2010）

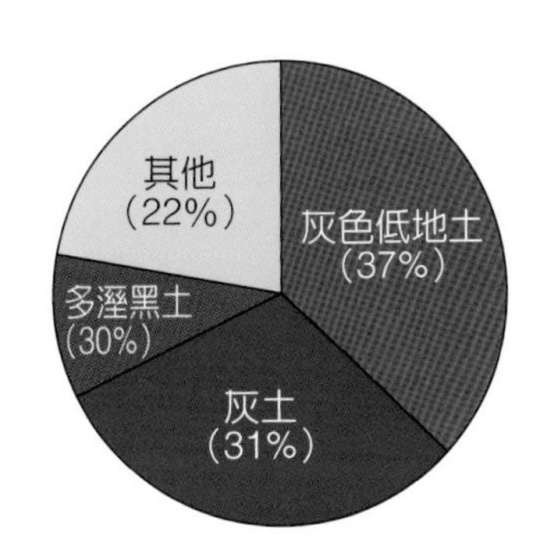


水田土壤的剖面

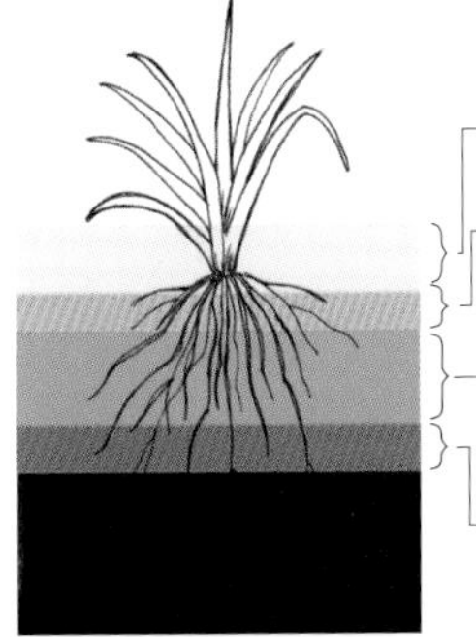

田面水　氮素固定活躍

氧化層　因含氧鐵被氧化成赤黃色

還原層　因缺氧鐵被還原成青灰色

犁層

（資料：「栽培環境」農文協、藤原俊六郎「新版　圖解　土壤的基礎知識」農文協）

# 蚯蚓的好處很大

## 「Earthworm」是一種重要的蟲

蚯蚓的英文為「Earthworm」，換句話說，它以「地球的蟲」這個偉大的名字而被重視，西歐自很早以前就針對蚯蚓所扮演的角色進行了研究。以進化論聞名的達爾文就是其中之一。

蚯蚓具有將地表的落葉碎片吸取進入土壤的習性，當牠們以落葉碎片作為食物食用時，同時也會取食土壤，並通過腸道將其排出體外。透過這種方式，將有機質顆粒與土壤顆粒混合向地表面排出，形成一團糞便（糞土，見下圖）。此外，會將土壤翻動、攪拌，在土壤中形成孔洞並產生間隙。因此，空氣更容易進入土壤。同時，改善了土壤的排水性。

## 也能豐富營養的勤勞者

蚯蚓的糞土，因位於腸道中石灰腺的作用，pH值幾乎維持在6（弱酸性）的程度。從作物養分的角度來看，在糞土中的磷含量會增加。此外，蚯蚓在挖土的同時，會自體表分泌黏液（含有大量氨的尿液），使土壤中的氮素也會增加。

據說有很多蚯蚓的土壤是健康的土壤。多虧了勤勞的蚯蚓，土壤才會健康，作物也從中受益。

蚯蚓之土壤翻轉作用

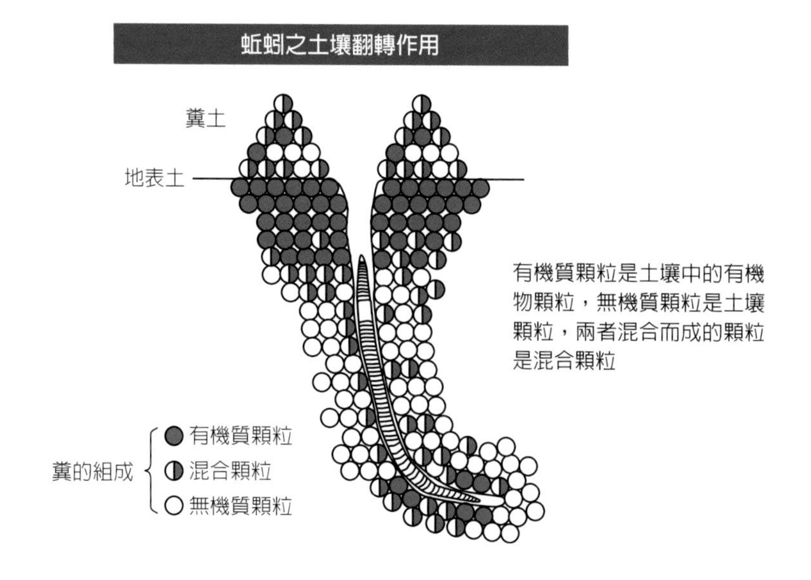


（資料：青木淳一「土壤動物學」北隆館）

第2章

# 什麼是適合作物的土壤

如果是像沙灘一樣平滑的土壤，水分容易流失，根部將無法吸收水分。
如果是像碰撞會滴答作響的堅硬土壤，作物的根系就無法生長。
適合的土壤，是怎樣的一種土壤，讓我們來探索它的條件。

# 什麼是土壤肥力好的土壤

## 土壤肥力是整體土壤的生產力

所謂的土壤肥力，是生產作物時整體的土壤能力。根據日本「地力增進法」（1984年5月實施，第152頁），土壤肥力被定義爲「源自土壤性質的農地生產力」。

換言之，土壤肥力高的土壤，是指農作物可以生長良好，且可持續生產的土壤。從根部來看的話，即爲「通氣性、排水性、保肥力優、土壤中的空氣與水分的平衡及pH（酸鹼度）適宜、含有適度的有機物等，具有可培育健康作物根系之環境的土壤」。

要具有這種整體能力之土壤肥力（土壤生產力），所需要素可分成3種，分別爲物理要素、化學要素及生物要素。

## 要擁有土壤肥力的3要素

**【物理要素】** 可確實支撐作物根系之土層與有效土層的厚度、耕作的難易度、保水力與排水性、抗風雨飛散、流失能力等。若有厚且鬆軟的土層，則會具有良好適當的保水性、排水性。

**【化學要素】** 養分的保持力與作物供給力、土壤緩衝力（pH）、氧化/還原力、重金屬等有害物質是否存在等。另適度含有作物所必需的養分，及合適的土壤pH值範圍是比較好的。

**【生物要素】** 有機物分解力、固氮力、病蟲害抑制力及微生物分解有害化學物質的能力等。若適度含土壤有機質（腐植質），且土壤微生物的活性高是好的。

上述3個要素相互關聯，形成了適合作物栽培的土壤條件（下頁）。

## 以人力增加土壤肥力

人類不斷努力將低窪貧瘠的土壤變成好土壤。

例如，屬於火山性土的黑土，因爲是強酸性，磷酸很容易被固定，所以生產力很低。然而，從1960年（昭和35年）到1965年（昭和40年），開發了一種可改良土壤酸性與立即提高磷酸供給力的熔磷多量施用技術。因此，黑土的生產力有跳躍性的提高。而這個結果，使原本就具有土壤深厚柔軟且保水性、排水性佳之黑土的優點得到發揮，被評價爲優良的田間土壤。

然而，最近由於過度施用肥料，而導致養分過多與pH值變高的土壤數量增加，因此，如何透過適當施用肥料進行永續的土壤管理已成爲重要課題。

# 土壤肥力三要素

## 土壤肥力構成的要素

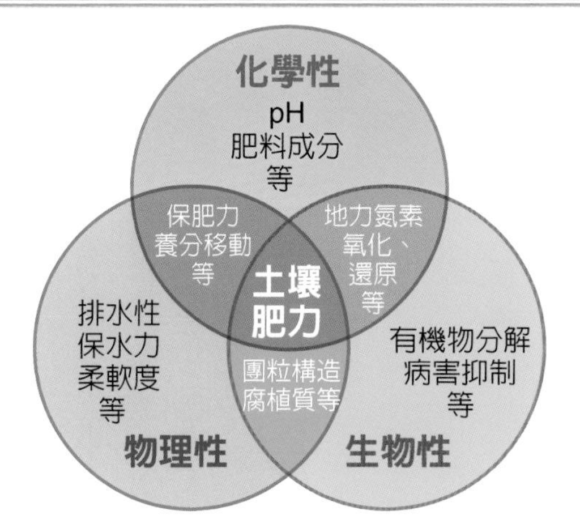


（資料來源：藤原俊六郎「新版　圖解　土壤的基礎知識」農文協）

## 從作物的視角看好土壤

①物理性　土層厚而鬆軟，具有適度的保水性、排水性。

②化學性　含有作物所必需的養分，具有適當的土壤 pH 值範圍。

③生物性　含有適度的土壤有機質（腐植質），土壤微生物的活性高。

# 團粒或單粒（保水性與通氣性）

## 具保水、排水功能的團粒構造

土壤是蓬鬆的團粒，或是硬邦邦的單粒。這種差異性會影響作物的生長，尤其是根系發育。

雖然作物的生長離不開水，但如果過量時根部可能無法呼吸，可能會發生根腐。

所謂的單粒結構是，砂與黏土等微細顆粒均勻組成的結構。單粒結構的黏土性土壤，在水分多時會變成黏稠狀的黏土狀態，當乾燥時就變成很堅硬有如抹在牆壁的狀態。砂質土雖然排水性好，但幾乎沒有保水能力，如果不經常澆水，農作物就無法生長。此外，在砂質土壤中的顆粒分散，結合力較弱，容易發生土壤流失。

如果土壤具有適度的團聚結構，就會有保水性與良好的排水性，可創造出適合作物生長的土壤環境。雖然土壤保有水分（保水性）與排水（滲透性）看起來似乎是矛盾的，但具有團粒結構的土壤卻可以兩者兼得。當土壤團粒化時，可增加土壤中的間隙，從而提高了排水性和通氣性，而團粒微細空隙中所含的水分也提高了保水性。

## 形成團粒的機制

土壤顆粒（黏土）藉由有機質力量所結合而成的物質稱爲「有機、無機複合物」。而可作爲黏著劑的有機物，包括腐植質、微生物產生的多醣等代謝產物與黏性物質。

由於有機、無機複合物的結合可形成初級團粒（微團粒），這些初級團粒集合起來，可形成砂子與坋土等大小的土壤顆粒、堆肥等粗細的有機物，及與像絲狀真菌等微生物結合的次級團粒（微團粒）。當這類團粒穩定形成時，土壤中的間隙會增加，進而維持適當的保水性、排水性及通氣性，提高阻止土壤侵蝕、形成硬皮（因雨水壓力而堵塞的表土狀態）發生的能力。若有機、無機複合物能形成很強的初次團粒時，就會成爲一種不會因澆水崩解而穩定存在的「耐水性團粒」，這已成爲團粒穩定性的指標。

## 施用可形成團粒的有機物

要如何將單粒結構的土壤團粒化，使保水性與通氣性（滲透性）變得更好？

在滲透性差的【重黏質土】中，添加砂與有機物。

在保水性差的【砂質土壤】中，添加黏土與有機物。

不管在何種情況下，要讓土壤團粒化的關鍵是添加有機物。將有機物施用於耕地可增加土壤微生物的代謝產物，具有效促進耐水性團粒的形成。

## 團粒與單粒不同

### 團粒結構與單粒結構

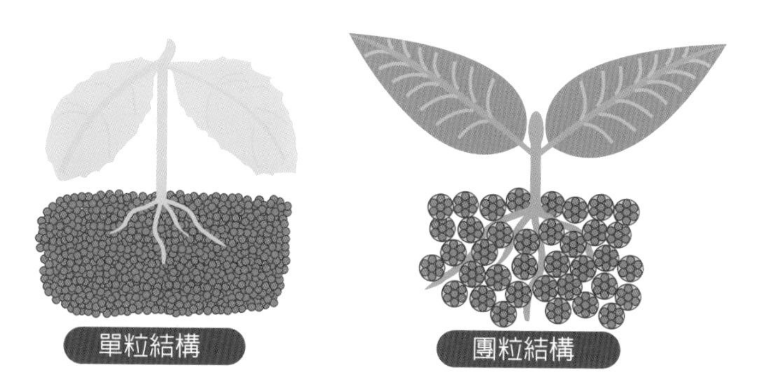


團粒結構的土壤（右）的保水性、通氣性佳，根系發育良好

### 團粒化的模式圖

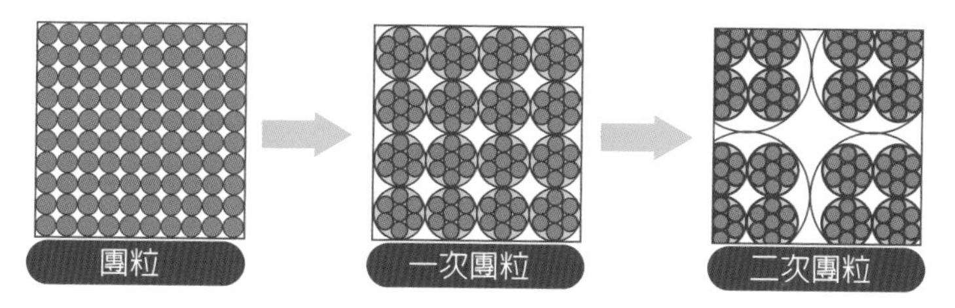


隨著團粒化的進行，會增加土壤的間隙

### 團粒結構的機制

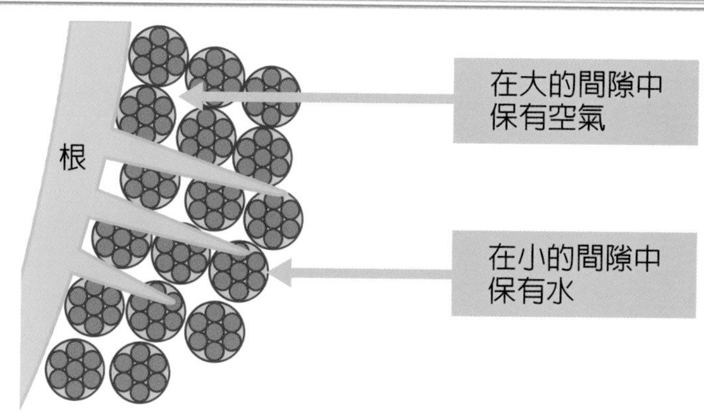


在大小孔隙（間隙）中，能保有空氣與水

# 土壤的保肥力（胃袋）多大

## 胃袋的大小＝陽離子交換容量（CEC）

土壤具有吸收肥料養分的能力，一般稱為「肥持」，在土壤學中稱為「保肥力」。在土壤中直接儲存之養分成分為具黏土成分的黏土礦物質與腐植質，間接地還涉及土壤微生物與有機物。

黏土礦物質與腐植質是微小的土壤顆粒，通常帶負電，並具有吸引陽（正）離子的能力。在作為肥料與土壤改良資材而被施用於土壤的養分中，氮素（氨）、鉀、鈣及鎂可溶解於水中形成陽離子，進而被帶負電荷的土壤顆粒吸附，不會易因雨水或灌溉而流失。

土壤顆粒能夠吸附陽離子的最大量稱為「陽離子交換容量」，亦可稱為「鹼基（陽離子）置換容量」。由英文名稱的首字母縮寫稱為CEC（下頁）。例如，CEC是可接受養分的土壤胃袋。當CEC越大時，土壤可以保持大量的肥料養分，可防止養分自土壤中流失並維持肥效。

## 如何決定CEC的大小

土壤CEC，基本上取決於土壤中所含黏土的量與種類及腐植質的含量。

因此，①黏土多的土壤（黏土）比較高，而砂多的土壤（砂土）比較低。②腐植質多的土壤比較高，腐植質少的土壤比較低。③CEC的大小會因黏土礦物的種類而異。

黏土礦物中，具有像永久磁鐵一樣，有不論在什麼樣的場合都不會改變強吸附力（保肥力）的種類（如日本很少的2：1型黏土礦物的蒙脫石等），也有如電磁鐵一樣會有變化的種類（1：1型黏土礦物，如日本常見的埃洛石等）。

埃洛石與黑土中的鋁英石，甚至在腐植質都沒有「永久負電荷」，完全都是屬於「pH依存性負電荷」。因此，當土壤的pH值下降時，保肥力亦會下降，而隨著pH值升高時，保肥力會增加。這是要改良田土酸性的其中一個理由。

## 提高保肥能力

增加CEC的方法有施用黏土礦物（沸石等）與堆肥等有機物質。若要黏土礦物在短時間內提高效果，需要大量施用，而自有機物中增加腐植質則需要較長的時間。

然而，即使CEC的數值無法立即顯現，但可以預期，當施用堆肥等後，於物理特性的保水能力能獲得提高，且溶解在水中的肥料容易保持，進而提高保肥能力。

# CEC代表可以保持的養分量

## 陽離子交換容量（CEC）的概念圖

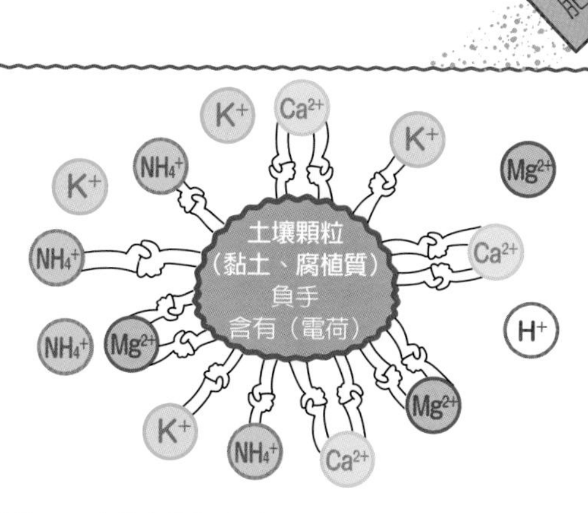


- 陽離子交換容量是100g土壤中的負手（電荷）數。在圖例中是15（以meq / 100g表示）。
- $Ca^{2+}$（鈣）、$Mg^{2+}$（鎂）＝2價的陽離子需要2隻手。
- $K^{+}$（鉀）、$NH_4^{+}$（氨鹽）＝1價的陽離子需要1隻手。
- 基本所需的CEC（Cation Exchange Capacity），介於15～30（即使超過30也沒有問題）。

（資料：藤原俊六郎「新版　圖解　土壤的基礎知識」農文協）

## CEC 的大小

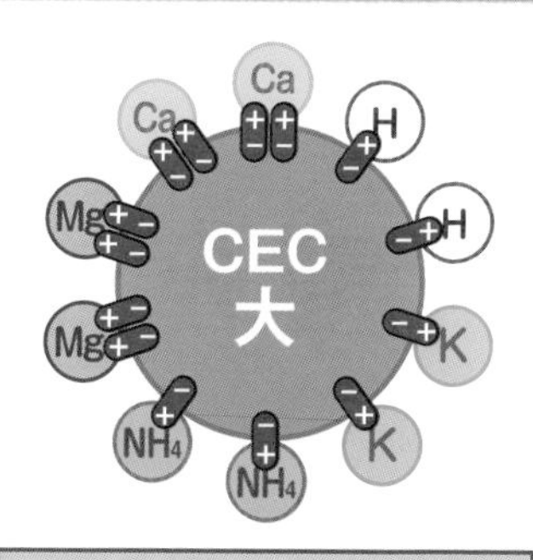


CEC＝14meq / 100g

能保有很多的陽離子
（容量大）

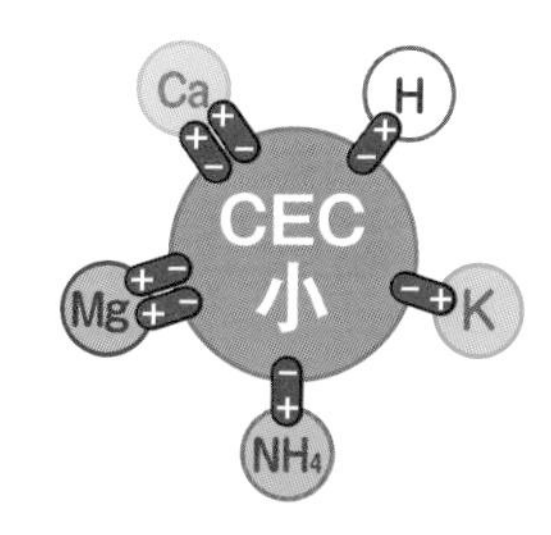


CEC＝7meq / 100g

能保有的養分少
（容量小）

（資料：YANMAR網頁「土壤製作的推薦」）

CEC值是在第32頁所述土壤「鹽基飽和度」之診斷的重要分母，
需依靠專門的分析機構來測定。

# 什麼是鹽基飽和度（土壤吃飽程度）

## 健康的土壤也是「8分飽」

所謂的「鹽基飽和度」，就是在被認爲是土壤胃袋的「陽離子交換容量」（CEC）內，表示可作爲食物之交換陽離子（鹽基）有多少被保有的比例。此鹽基飽和度表示了有多少的鈣（$Ca^{+}$）、鎂（$Mg^{2+}$）、鉀（$K^{+}$）的總比例和，而氫離子（$H^{+}$）與鈉（$Na^{+}$）則排除在外。

在下頁上方的模式圖中，比較了低鹽基飽和度土壤與高鹽基飽和度土壤。雖然兩者的胃袋大小（CEC）相同（14meq），但它們持有的食物比例不同，以鹽基飽和度計算時，較低的約爲36%，較高的約爲71%。

根據%值的高低，可以判斷土壤的健康程度。

40%以下的土壤爲營養不良，40~60%的土壤屬飢餓狀態，而60~80%則可被診斷爲狀況良好。據說在人體也一樣，「8分飽」對人體有益，於土壤中，鹽基飽和度在80%程度下也是健康的。如果超過80%，則逐漸轉爲與代謝症候群相似的肥胖，在超過100%時，胃袋有如處於穿破狀態，土壤溶液的濃度變高，根部可能因濃度而發生受損狀態。

## 養分平衡也要注意

正如人類一樣，食物的營養平衡很重要，而在土壤胃袋中可交換性鹽基數量之均衡是必須要考慮的。一般而言，鈣：鎂：鉀的比例爲5：2：1（當量比）時比較好。

近來菜園與溫室的土壤，於連作過程中因過度施用石灰質材料，導致土中鹽基飽和度超過100%的農地並不少見。此外，鉀肥過剩的農地也很多，造成農作物容易缺苦土（鎂）。在鉀含量大時也會抑制鈣的吸收。需要注意的是，肥料要素之間存在有拮抗作用。

## pH與鹽基飽和度的關係

鹽基飽和度與pH值（土壤酸度）關係密切。當pH值越低時，鹽基飽和度也會越低，而pH值越高時，鹽基飽和度則越高。在8分滿的鹽基飽和度爲80%狀態下，土壤pH值約6.5呈弱酸性，處於適當範圍內。當飽和度超過100%時，pH也會超過7，朝鹽化進行。

針對鹽基飽和度與作爲其分母CEC之全面性診斷，需每年1次，且必須透過專門的分析機構來進行。

作爲一種簡單的分析方法，如果自己測量pH值，可估算土壤中的營養狀態（飽和度）。在下一章中，我們將介紹一種結合土壤EC（電導率）之測定的「簡易診斷法」。

## 依據鹽基保有量的差異，CEC會產生變化

### 鹽基飽和度的差異

營養失調的土壤

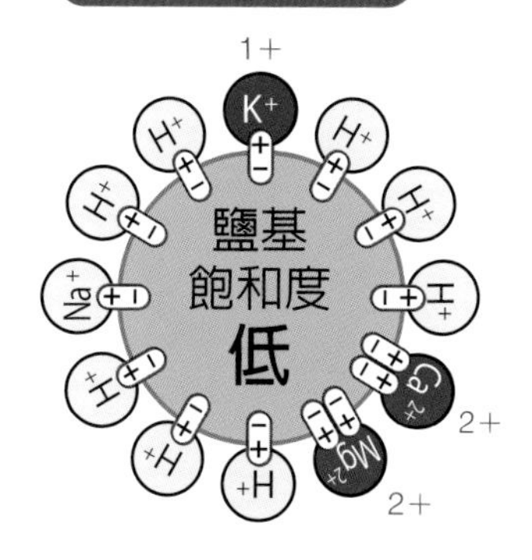


CEC＝14meq / 100g

Ca（鈣）飽和度＝$\frac{2}{14}$ ——①

Mg（鎂）飽和度＝$\frac{2}{14}$ ——②

K（鉀）飽和度＝$\frac{1}{14}$ ——③

鹽基飽和度＝$\frac{5}{14}$×100＝**35.7%**
①＋②＋③

適宜範圍的土壤

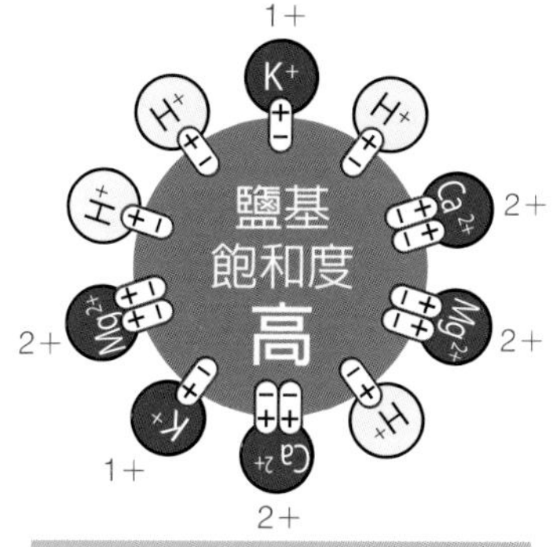


CEC＝14meq / 100g

Ca（鈣）飽和度＝$\frac{4}{14}$ ——①

Mg（鎂）飽和度＝$\frac{4}{14}$ ——②

K（鉀）飽和度＝$\frac{2}{14}$ ——③

鹽基飽和度＝$\frac{10}{14}$×100＝**71.4%**
①＋②＋③

（資料：YANMAR網頁「土壤製作的推薦」）

### 也要注意養分的拮抗作用（肥料元素之間的相互作用）

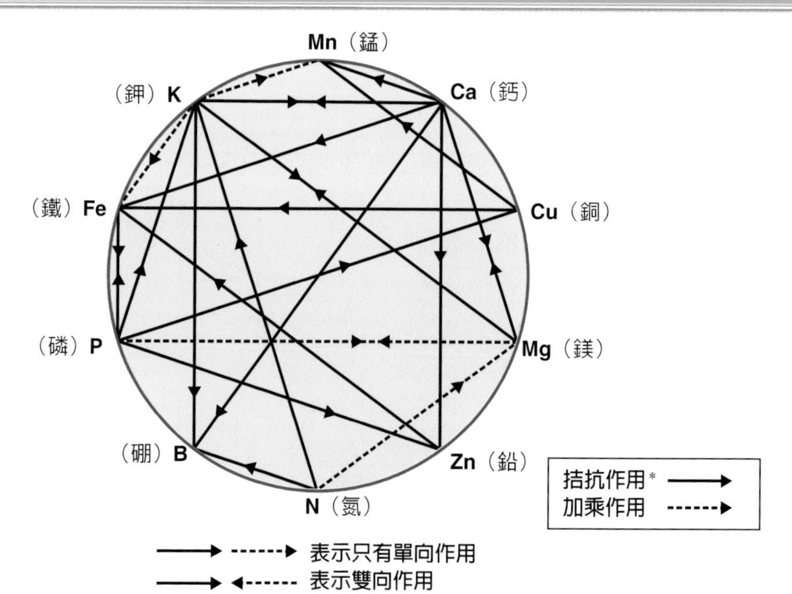


＊干擾其他元素吸收的作用。例如，鉀、鈣、鎂會相互產生拮抗作用，因此其中1種過量時會妨礙其他2種元素的吸收（第 46 頁）。

# 請嘗試挖土

## 帶著「根」的感覺自己挖

土壤診斷從「挖洞」開始。表層土壤（作土）的厚度與柔軟程度有多少？下層土（心土）的顏色與硬度又如何？如果土壤堅硬，作物將很難生根。以作爲作物根部的感覺去挖洞是很重要的。透過挖洞讓自己的額頭出汗，將會增加對土壤的親切感。在挖洞的期間，作物在收穫當下很容易觀察其根部的狀態，在背對太陽下可以製作土壤斷面。下圖是全尺寸的，就算最初50公分也可以。

## 觀察斷面

需要準備的工具爲鋒利的鏟子與園藝用小鏟子。當開始挖掘時，請確認是否可以輕鬆挖掘。將土壤中的作土與心土往左右堆放，挖好後，用園藝用的小鏟子將橫斷面做垂直切割。這時可調查土壤顏色的差異、根部的生長方式及礫石的存在等，並拍攝土壤斷面（請放入捲尺等有刻度的表尺）。

在全面的土壤診斷中，可從斷面獲得各種資訊，但在初步階段，至少可仔細觀察土壤的厚度、砂土或黏土等所屬土壤性質、作物根系的數量與分布，還有心土的硬度及土壤溼度狀況。

如何製作土壤的斷面

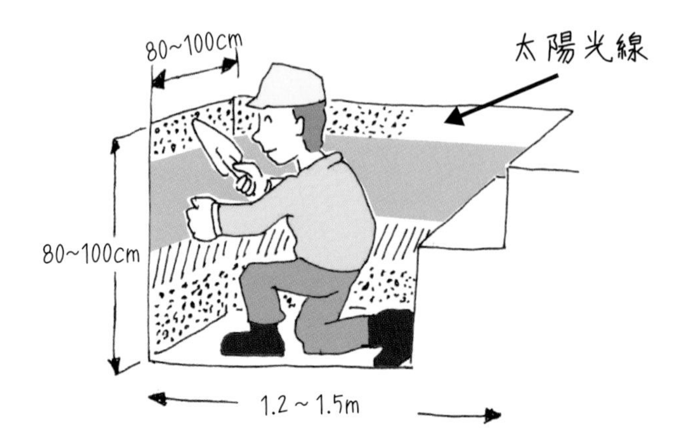


（資料：北海道立中央農試、北海道農政部農業改良課「土與作物營養的診斷基準」）

# 第3章 簡易土壤診斷法

爲了改善土壤，調查目前的狀態，是爲土壤診斷。全面的土壤診斷，必須要由分析機構進行檢查，但也可以使用市售套組自己進行診斷。

在大致能了解土壤的狀況下，就可以看出如何進行整地。

# 自己能做到的土壤診斷——pH值與EC值

## 透過測定pH值與EC值了解土壤養分

對於土壤整體健康狀況的全面性土壤診斷，最好1年1次，向專業分析機構諮詢。在農民之間，常常會將樣品帶到當地的分析機構進行土壤診斷。

然而，對於農民與家庭式菜園愛好者，於每天都想了解土壤中的養分狀況時，有一種簡單就能做到的土壤診斷方法。即為測定pH值（酸鹼度）與EC值（電導度）的方法，僅用這兩者就可以在某一程度上推斷出養分的狀態。

如果將pH值與EC值比作人體健康檢查，測定pH值就是量體溫，測定EC值就是量血壓。EC值是一個不穩定的指標，如同人體攝食過多鹽分時血壓會升高一樣，當土壤溶液中肥料內的鹽分（特別是作為氮成分的硝酸鹽）過多時，EC值也會增加。pH值與EC值的高低和作物之間的關係將在下一章節後詳細介紹，但首先讓我們看看實際農地存在哪些類型（下頁）。

## 「超熱心派」中很多「高pH、高EC型」

農地土壤中（尤其是家庭菜園裡的土壤），很多都屬於不良的土壤，接下來的2種都屬於這類土壤。

「低pH、低EC型」（即低體溫、低血壓型）與「高pH、高EC型」（高體溫、高血壓型）的不健康土壤。

「低pH、低EC型」屬營養失調的瘦弱型，常出現在不改善土壤酸性與不施肥的「超無關心派」土壤中。

「高pH、高EC型」屬肥胖型，當認為改良酸性很重要時，種植前撒布大量白色碳酸鈣，亦常大量施用肥料、基肥及追肥，多屬於「超熱心派」。

此外，在「低pH、高EC型」或「高pH、低EC型」土壤中，也會因發生平衡失調而變成不良土壤。圖中分別介紹了各自發生原因與因應對策。

「高pH、高EC型」與「低pH、高EC型」屬施用肥料過剩，必須透過淡水進行除鹽或與玉米等除鹽作物進行輪作，即減少過剩養分是必要的。

## 製備良好土壤的起點是從測定pH值與EC值開始

在土壤調查過程，如果養分變少時，增加土壤養分，而養分變高時，則減少土壤養分。改善土壤的物理特性（保水性、排水性等）需要時間，但屬於土壤酸性與養分問題時，如果立即採取對策，可以很快得到解決。

製備良好土壤的起始，是從測定pH值與EC值開始。在進行測定時，因市面上有販售簡易型測定器，建議經常攜帶備用。

# 簡易土壤診斷推薦

## 土壤診斷能了解什麼（類似於健康診斷）

| 健康診斷 | | 土壤診斷 | | |
|---|---|---|---|---|
| 項目 | 備註 | 項目 | 最適值 | 備註 |
| 體溫 | 若有輕微發熱時會降低食慾。 | pH | 5.5～6.5 | 表示土壤的酸度。大多數蔬菜都適合弱酸性。在pH值5以下或7值以上時，不易吸收營養。 |
| 血壓 | 攝取過多鹽分、酒、菸等時會上升。 | EC | 0.1～上限值 | 評估土壤的鹽類濃度、硝酸態氮濃度。 |
| 年齡 | 年輕指標。 | 有效態磷酸 | 20～50mg/100g | 在未耕作土壤中幾乎不存在。會持續增加施用磷酸肥料與堆肥，栽培時間越久時施用會變多。 |
| 胃的大小 | 發育中的孩子與老人吃的量不同。 | 陽離子交換容量（CEC） | | 顯示土壤中保持鈣、鎂、鉀等陽離子（肥料養分）能力的大小。<br>依土壤不同，該數值基本上是固定的，當施用堆肥等肥料時會慢慢增加。 |
| 營養攝取平衡 | 8分飽對健康有益。<br>平衡攝取碳水化合物、蛋白質、脂肪。 | 鹽基飽和度 | 60～80% | CEC值表示鈣、鎂、鉀的飽和度（飽滿度）。 |
| | | 鈣／鎂比<br>鎂／鉀比 | 3～6<br>2～4 | 鈣與鎂、鎂與鉀的平衡也對土壤很重要。 |

（資料：大分縣「主要農作物施肥及土壤改良指導方針（平成23年3月）」）

## 4種不良土壤的型態（原因與對策）

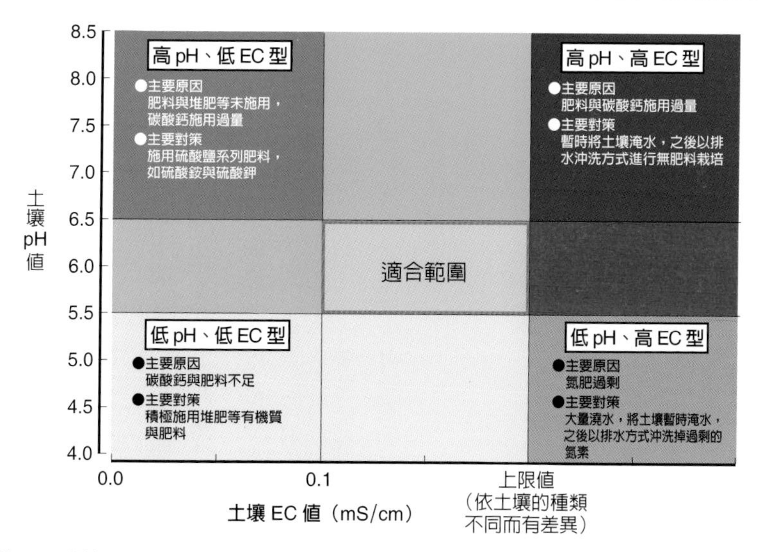


註1：EC單位mS/cm中的mS讀作millisiemens，milli表示1,000分之1。
註2：EC最適值，介於下限值的0.1到上限值的範圍。上限值依土的種類而不同，粗粒質土（砂質）0.4、中粒質土0.7、細粒質土（黏質）0.8。
註3：土壤最適pH範圍（5.5～6.5），為一般植物最喜好範圍。

（資料：松中照夫「土壤含有土」農文協）

# pH值（體溫）高或低

## 較佳的pH值範圍是微酸性

pH（土壤的酸度）相當於人類的體溫，pH值測定是土壤診斷基礎中最基本的。pH是土壤溶液中氫離子（$H^+$）濃度的指標，用0～14的值表示，其中7爲中性，小於7爲酸性，大於7爲鹼性。正如在第32頁中所提到的，pH與鹽基飽和度（胃袋的飽滿度）密切相關，在80％（8分飽）時，pH約爲6．5。

在日本，適合種植農作物之土壤pH值，在5．5～6．5的範圍內，設定值偏微酸性（依地力增進法改良一般田地的目標值是6．0～6．5）。這是因爲在日本的土壤往往偏酸性，且偏酸性對培育作物具良好之理由，因此選擇微酸性土壤。

依下頁各種作物對其所喜好之pH值表來看，大部分都介於5．5到6．5之間，如水稻、甘薯、蕎麥、芋頭、馬鈴薯等，此外亦包含好酸性植物中的栗子與茶。但是，在pH值爲5．5以下的酸性土壤中會發生各種問題，要特別注意。

## 土壤酸化為什麼會不好

**【對土壤養分的影響】** 對pH值而言，如下頁中的圖所示，與土壤養分的溶解度（有效性）有很密切關係。圖中黃色條帶中較細部分表示肥料養分的溶解性差。不管是在pH值較低或較高部分，大多數養分效率是屬於比較差的。

然而，鐵與錳在偏酸性時，可將過剩的鐵與錳溶出於水中，對作物會產生不良影響。此外，雖然鋁不是肥料養分，沒有被列在圖表中，但在pH值低於5以下的強酸下，鋁會急速溶解到土壤溶液中，進而抑制作物根系的生長並造成酸害。且在鋁與鐵過剩的土壤中，磷酸的效果較差。

**【對微生物的影響】** 作爲典型土壤微生物的細菌（Bacteria）與放線菌（可分解不溶性有機物，並產生土壤氣味），在比pH值5．5更酸的條件下會降低活力。若這種情況發生時，於土壤中有機物的分解就會變得遲緩，對農作物就無法發揮作用。

## 首先要詳細測定pH值

在雨水較多的日本（雨水的pH值約爲5．6），土壤酸化是不可避免的。此外，化學肥料也是促進酸化的一種物質。首先要檢查土壤的pH值。若需要進行酸性改良，在接近中性7的土壤是適合種植菠菜這一類的作物。

在不調查pH值的情況下，施用過多的石灰質資材，會產生不健康的土壤（調查方法如第40頁）。

# 日本土壤的理想pH值是多少

## pH 與肥料養分的溶解性（溶解方式）

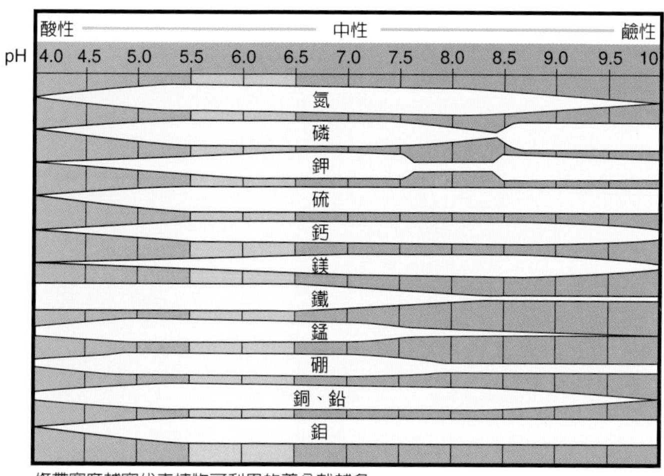


條帶寬度越寬代表植物可利用的養分就越多
藍色部分代表多數植物適合的範圍

## 各種作物適合的 pH 值

| pH | 一般作物 | 果菜、豆類 | 葉根菜類 | 果樹、花卉 |
|---|---|---|---|---|
| 6.5～7.0 | 大麥 | | 波菜 | 無花果 |
| 6.0～7.0 | 小麥 | 豌豆、番茄 | 蘿蔔、甘藍、蘆筍 | 葡萄、杏仁、康乃馨 |
| 6.0～6.5 | 芋頭、大豆 | 菜豆、枝豆、南瓜、胡瓜、甜玉米、西瓜、蠶豆、茄子、甜椒、甜瓜、紅豆 | 食用土當歸、花椰菜、小松菜、春菊、薑、芹菜、青江菜、韮菜、蔥、白菜、青花菜、山芹菜、萵苣 | 梨、柿子、奇異果、柚木、菊花 |
| 5.5～6.5 | 水稻、燕麥、裸麥 | 草莓、落花生 | 蕪菁、牛蒡、洋蔥、胡蘿蔔 | 梅子、蘋果 |
| 5.5～6.0 | 甘薯、蕎麥、山芋、日本陸稻 | | | 桃、櫻桃、柑橘 |
| 5.0～6.5 | 馬鈴薯 | | | |
| 5.0～5.5 | | | | 栗子 |
| 4.5～5.5 | | | | 藍莓、茶、杜鵑花、石楠 |

（資料：日本土壤協會「透過土壤診斷製作均衡的土壤 Vol.2」）

# pH值診斷與改良酸性的注意事項

## 「用石灰改良酸性」是否正確

如上一節圖表所示，在日本種植的大多數作物的理想pH值範圍，介於5．5～6．5呈弱酸性。

儘管如此，對「作物栽培不能用酸性土」的「信仰」仍根深柢固，即使在沒有調查土壤確實的pH值情況下，很多人在種植前於田間施用碳酸鈣或其他石灰質資材已成爲一種習慣。

那麼調查pH後，如果是屬於酸性較強土壤，施用石灰質材料有比較好嗎？答案是否定的。單獨透過測定pH值可能會導致誤判的情形。是否施用石灰質資材，需透過EC的測定值來決定。這是因爲土壤酸化有2種類型。

## 土壤的酸性原因有2種類型

**【低pH、高EC型】**即使pH值低，如果EC值爲0．5mS／cm以上（鹽基飽和度爲70％以上）時，則不應施用石灰質資材。理由爲，因低pH值因素造成的並不是交換性鹽基（鈣、鎂等）的缺乏，而是氮養分（硝酸態氮）的累積。這種土壤經常出現在溫室及室外蔬菜田與花圃中。若添加石灰質資材，會導致pH值升高，進而使EC值與鹽基飽和度也增高，成爲高血壓、肥滿型的不健康土壤。

**【低pH、低EC型】**爲低pH、低EC。在開放式田地中，鹽基（鈣、鎂等）與化學肥料的次要成分一起被溶洗掉，爲氮素養分稀少的貧瘠土壤。

這種類型的土壤可以施用石灰質資材進行酸性改良，並積極施用堆肥等有機物與肥料。

## pH值低或高的標準與診斷方法

作爲酸性改良的標準，必須注意不要將pH值調高超過6．5以上。一旦土壤的pH值升高時，就不容易恢復到原來的狀態。

依pH值的調查結果，若變成pH值超過7以上鹼性土壤時，應該如何處理？如果pH值過高，請勿使用任何石灰質材料。這是最便宜也是最好的方法。爲抑制土壤鹼化，在施用化學合成的肥料時，請將肥料由高級化肥改爲普通化肥，如增加單一性肥料硫酸銨，或施用生理酸性肥料等方法。

改良pH值所需的石灰量，會因砂土或壤土等特性不同（＝CEC的差異）而有很大的差異。此外，也會因石灰質資材的種類，所需用的量會不同（第76頁）。

在能自我進行簡易土壤診斷時，建議使用可同時檢測pH值與EC值的套組。不管如何，都要從調查pH值開始。

# 簡單、方便的土壤pH值測定工具

## Earth Check 液（住友化學園藝）

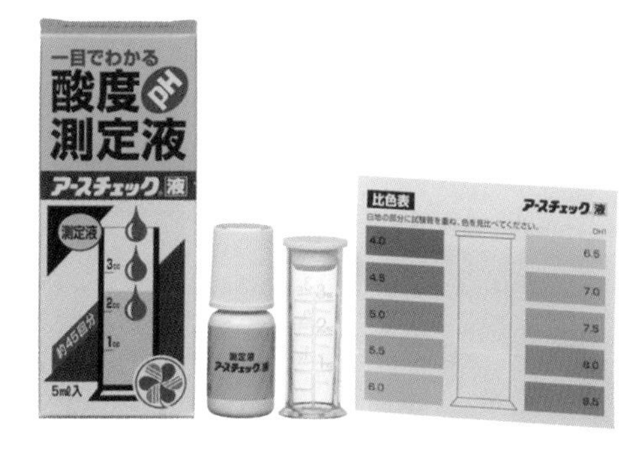


**一般販售價格：660日圓（不含稅）**

使用方法：將土與自來水以1：2方式攪拌混合，在上澄液中加入3滴測定液，再以比色表檢定pH值（pH 4.0～8.5）。

## 起電式土壤酸度測定器 DM-13（竹村電機製作所）

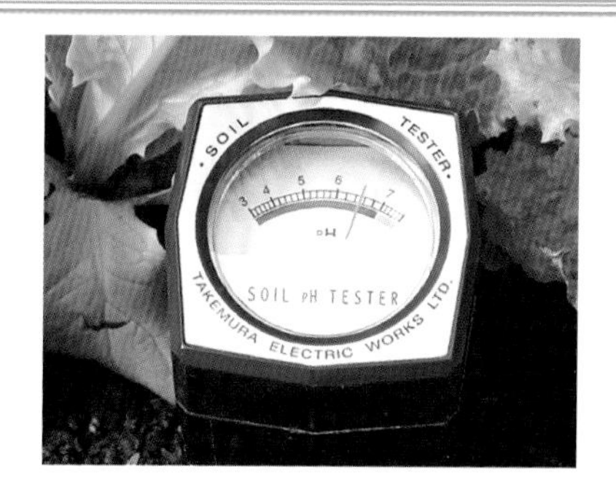


**一般販售價格：4,540日圓（不含稅）**

使用方法：直接插入土壤中，可檢測到約pH 4～7程度的土壤酸度（不需藥品與電池）。

## LAQUA twin pH（堀場製作所）

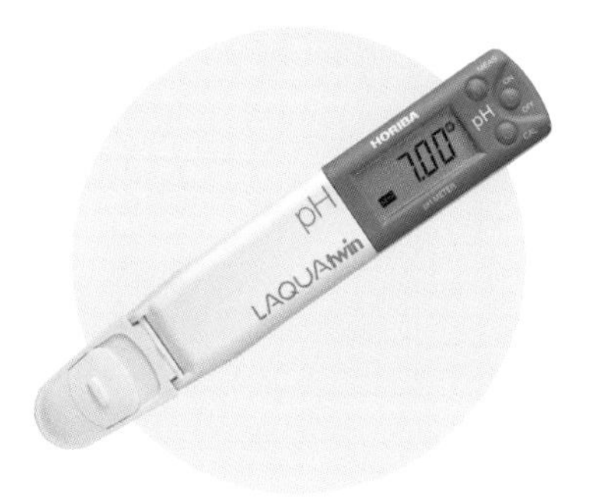


**一般販售價格：**
**1 點校正　22,000 日圓**
**2 點校正　28,000 日圓（兩種都是不含稅）**

使用方法：取10g乾土與50mL水放入燒杯中，充分攪拌後使其混合均勻。靜置一段時間讓土壤和水分層後，將感應器置於上澄液部分進行測定。可檢測到2～12的pH值範圍。另外，檢測前需以所附的標準溶液對儀表進行校正。

有關各項產品的詳細使用方法、注意事項等，請上各公司網站進行確認。

# EC值（血壓）高或低

## EC值是土壤養分（鹽濃度）的指標

EC（電導度）可以比做是血壓。就像人類在高血壓時需減鹽一樣，高EC（高血壓）的土壤，也需要「減鹽」。

EC是土壤中的鹽類濃度，特別是爲了了解氮肥殘留量的指標。當EC值越高時，所殘留的營養就越多。

如果肥料等大量養分殘留時，土壤溶液就會變得容易導電，當電阻降低時，EC值（電導度）會增加。EC的單位是使用「mS／cm（millisiemens percent meter，毫西門子每公分）」（以下單位省略）。

適合作物生長的EC值，可因土壤而異（第37頁）。當EC值超過1時，根系會出現受到濃度障礙的可能性。所謂高EC值，意味因溶解在土壤溶液中的鹽類濃度高，增加了滲透壓，阻礙了根系對養分與水分的吸收。變成「加了鹽的蔬菜」的狀態，造成水分自根部流失。

## 依「耐鹽性」的不同也會改變施肥

然而，造成損害的鹽類濃度（耐鹽性程度），可因作物種類而異（下頁）。草莓與黃瓜的耐鹽性低，相反地，菠菜與白菜的耐鹽性高。因此，施肥的方法也必須要與作物的性質相匹配。

草莓與黃瓜的根部容易發生濃度障礙問題，因此禁止過度施肥，在低EC（少量養分）下，可讓根部緊密生長。可適度添加堆肥等有機物質，並選擇有機肥等具溫和效果的肥料。而菠菜與白菜，則是喜好多肥的作物，基肥與追肥都要積極施用，直到收穫都不可停止施肥。

## 調整後續作物施肥量的標準

EC值與土壤中硝酸態氮的含量有密切相關。透過種植前檢測土壤的EC值，可推估前期作物所殘留的氮含量。土壤溶液中除硝酸根離子外，鉀離子與鈣離子等也會溶於土壤溶液中，可以作爲這些離子殘存量的標準。

像這樣的EC值，因與硝酸態氮等的相關性較高，可作爲下一次種植時調整施肥量的標準。

在下頁的表中，顯示了依施肥前之EC值，對不同土壤種類校正基肥（氮與鉀）施用量的標準。雖然EC值在0．3以下時，基準量就足夠了，但如果EC值在1．6以上時，則無需施用基肥。檢測EC可自己進行，下頁介紹了小型攜帶式EC儀的例子。

# EC測定的標準與工具



## 不同作物種類的耐鹽性

| 耐鹽性 | EC（1：5）（mS/cm） | 一般作物 | 蔬菜 | 果樹 | 其他 |
|---|---|---|---|---|---|
| 強 | 1.5 以上 | 大麥 | 菠菜、白菜、蘆筍、蘿蔔 | | 黑麥草、西洋油菜 |
| 中等程度 | 0.8～1.5 | 水稻、小麥、裸麥、大豆 | 甘藍、花椰菜、青花菜、蔥、胡蘿蔔、馬鈴薯、甘薯、番茄、南瓜、甜玉米、茄子、辣椒 | 葡萄、無花果、石榴、橄欖 | 草木樨、苜蓿、蘇丹草、鴨茅草、玉米、高粱 |
| 偏弱 | 0.4～0.8 | | 草莓、洋蔥、萵苣 | 蘋果、梨、桃、柑橘、檸檬、李子、杏仁 | 菸草、藺草、白三葉草、紅菽草 |
| 弱 | 0.4 以下 | | 胡瓜、蠶豆、菜豆 | | |

（資料：日本土壤協會「透過土壤診斷製作均衡的土壤 Vol.2」）

## 依施肥前 EC 值之基肥（氮、鉀）施用量修正標準（對基準值）

| 土壤的種類 | EC 值 | | | | |
|---|---|---|---|---|---|
| | 0.3 以下 | 0.4～0.7 | 0.8～1.2 | 1.3～1.5 | 1.6 以上 |
| 腐植質黑色土 | 基準施肥量 | 2/3 | 1/2 | 1/3 | 無施用 |
| 黏土質、細粒沖積土 | 基準施肥量 | 2/3 | 1/3 | 無施用 | 無施用 |
| 砂質土（砂丘未熟土） | 基準施肥量 | 1/2 | 1/4 | 無施用 | 無施用 |

（資料：日本土壤協會「透過土壤診斷製作均衡的土壤 Vol.2」）

## 土壤 EC 測定用具

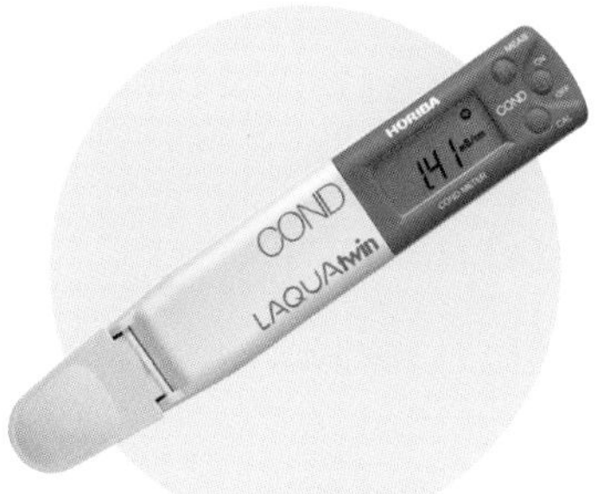


**LAQUA twin COND（堀場製作所）**

**一般販售價格：29,000日圓（不含稅）**

使用方法：10g乾土與50mL水放入燒杯中，充分攪拌後使其混合均勻。靜置一段時間讓土壤和水分層後，將感應器置於上澄液部分進行測定，可檢測到0～19.9mS/cm（0 ～1.99S/cm）的範圍。另外，檢測前需以所附的標準溶液對儀表進行校正。

第4章

# 作物的元素缺乏或過量病症

作物會自土壤與大氣中吸收必要的養分來生長。然而，當營養過少或過多時，就會生病，出現各式各樣的症狀，類似於人類的營養不良與肥胖。當營養過少時引起的症狀稱爲缺乏症，而營養過多引起的症狀稱爲過量症。

# 什麼是元素缺乏或過量症

## 對作物而言是必要的物質

作物生長所必需的要素稱爲必需元素，爲方便起見，依植物所需量的大小，可分爲「多量元素」（第60頁）與「微量元素」（第62頁）。

這些必需元素，在土壤中或作物體內含有多少濃度是非常重要的。不管缺乏或過量，對作物生長都有很大的影響。

在土壤中或作物體內之元素濃度與作物生長品質的關係，可分爲以下4個階段：

①若體內的要素濃度不增加，是屬於生長品質也不會增加的缺乏期。

②若土壤中的要素濃度增加，即使體內的要素濃度不太上升，是屬於生長品質上升的正常階段。

③當體內的元素濃度上升時，生長品質無明顯變化，是屬於大量吸收的階段。

④隨著體內的元素濃度增加，屬於產量與品質下降的過剩階段。

※當單一元素吸收過剩時，會干擾其他元素的吸收（拮抗作用）。每種元素都不可缺乏或過量，必須在適當的時期供應。

在下頁中，展示了各種作物在欠缺元素時，可能發生的缺乏症種類。

## 哪種元素缺乏症容易發生

### 缺乏/過剩的症狀

爲了防止必需元素的缺乏與吸收過剩，要定期進行土壤診斷與作物體的營養診斷，檢查各必需元素的狀態是否仍然是有效的。若等到症狀出現後才採取行動，其採取措施所需要時間更長。

必需元素過多或不足所引起的症狀，包括株高、葉片數量、葉片大小等生長減緩，分櫱、新葉發育異常，特定部位的壞死，發生形態異常與葉片顏色產生變化等。

### 疑難症狀診斷

若有疑似必需元素缺乏或過剩的症狀出現時，馬上就判斷是缺乏哪種必需元素或是過剩，這是很危險的。這是因爲可能還會有其他因素，也可能是受到病菌、害蟲危害所導致。此外，亦有可能與其他必需元素間因拮抗作用而妨礙吸收，造成出現某些必需元素缺乏的症狀。在這種場合下，有必要調整具拮抗作用必需元素的最適當濃度。因此，當懷疑缺乏或過剩時，有必要對土壤與作物進行分析，再依據所觀察結果做出判斷。

不管是出現什麼症狀，都需要透過經驗來判斷，依據專家或專門機構的診斷是比較可靠正確的。

# 哪種元素缺乏症容易發生

## 作物種類發生元素缺乏症的難易度

| 作物名 | 氮素 | 磷酸 | 鉀 | 鈣 | 鎂 | 硼 | 錳 | 鐵 | 鋅 | 鉬 |
|---|---|---|---|---|---|---|---|---|---|---|
| 胡瓜 | ● | ○ | ◎ | ○ | ◎ | ○ | ☆ | ○ | ☆ | ☆ |
| 番茄 | ◎ | ○ | ○ | ● | ● | ◎ | ○ | ○ | ☆ | ○ |
| 茄子 | ◎ | ○ | ○ | ☆ | ● | ○ | ☆ | ○ | ☆ | ☆ |
| 甜椒 | ◎ | ○ | ● | ◎ | ◎ | ☆ | ☆ | ☆ | ☆ | ☆ |
| 西瓜 | ● | ○ | ◎ | ○ | ◎ | ○ | ☆ | ☆ | ☆ | ☆ |
| 草莓 | ○ | ○ | ◎ | ○ | ◎ | ○ | ☆ | ☆ | ☆ | ☆ |
| 甘藍 | ◎ | ○ | ● | ◎ | ○ | ○ | ☆ | ☆ | ☆ | ○ |
| 白菜 | ◎ | ☆ | ◎ | ● | ● | ◎ | ☆ | ☆ | ☆ | ☆ |
| 洋蔥 | ○ | ○ | ○ | ◎ | ○ | ○ | ☆ | ☆ | ☆ | ☆ |
| 萵苣 | ○ | ☆ | ○ | ◎ | ◎ | ◎ | ☆ | ☆ | ☆ | ◎ |
| 菠菜 | ◎ | ○ | ◎ | ● | ● | ◎ | ○ | ○ | ☆ | ○ |
| 芹菜 | ◎ | ○ | ◎ | ○ | ● | ● | ☆ | ☆ | ☆ | ☆ |
| 蔥 | ◎ | ○ | ○ | ○ | ○ | ☆ | ○ | ☆ | ☆ | ☆ |
| 蘆筍 | ◎ | ○ | ○ | ○ | ◎ | ◎ | ☆ | ☆ | ☆ | ☆ |
| 花椰菜 | ◎ | ◎ | ○ | ○ | ● | ◎ | ☆ | ☆ | ☆ | ◎ |
| 青花菜 | ◎ | ◎ | ○ | ○ | ◎ | ◎ | ☆ | ☆ | ☆ | ◎ |
| 蘿蔔 | ◎ | ○ | ◎ | ○ | ● | ◎ | ○ | ☆ | ☆ | ○ |
| 胡蘿蔔 | ◎ | ○ | ○ | ☆ | ◎ | ○ | ☆ | ☆ | ☆ | ☆ |
| 馬鈴薯 | ◎ | ○ | ● | ○ | ◎ | ◎ | ☆ | ☆ | ☆ | ☆ |
| 甘薯 | ○ | ○ | ◎ | ○ | ◎ | ○ | ☆ | ☆ | ☆ | ☆ |
| 枝豆 | ○ | ○ | ◎ | ○ | ◎ | ☆ | ○ | ☆ | ☆ | ☆ |
| 西洋油菜 | ○ | ● | ○ | ○ | ● | ◎ | ○ | ○ | ☆ | ○ |
| 柑橘 | ○ | ☆ | ○ | ○ | ● | ◎ | ◎ | ○ | ◎ | ○ |
| 蘋果 | ○ | ☆ | ○ | ☆ | ◎ | ◎ | ○ | ☆ | ○ | ☆ |
| 柿子 | ○ | ☆ | ○ | ☆ | ○ | ☆ | ☆ | ☆ | ☆ | ☆ |
| 梨 | ○ | ☆ | ◎ | ☆ | ◎ | ○ | ○ | ☆ | ○ | ○ |
| 葡萄 | ○ | ☆ | ◎ | ☆ | ● | ◎ | ○ | ☆ | ○ | ☆ |
| 桃 | ○ | ☆ | ● | ☆ | ● | ○ | ○ | ☆ | ☆ | ☆ |
| 梅子 | ○ | ☆ | ○ | ☆ | ◎ | ○ | ○ | ☆ | ☆ | ☆ |

●非常容易發生　◎容易發生　○可發生　☆幾乎不發生

註：即使在同一作物中，由於品種、生長階段、土壤、氣候條件及與其他因素間的平衡等，其缺乏症是否發生與發生程度上也有很顯著的差異，在實際使用過程中可靈活運用。

（資料：岐阜縣「主要園藝作物標準技術體系（平成17年）」）

# 鎂缺乏

## 鎂缺乏是因鉀過剩嗎

鉀、鎂（苦土）及鈣是作物營養的重要元素。由於普遍施用含鎂肥料，鎂缺乏的土壤已越來越少見了。

然而，鎂、鉀、鈣等鹽基類之間具有相互拮抗的作用。換句話說，單一種元素在過量時，會妨礙其他元素的吸收。隨著更多農地的鹽基類累積，會因拮抗作用引起鎂缺乏症。同樣地，當鎂過剩的原因發生時，會導致鉀缺乏症。

## 自老葉開始出現症狀

土壤中鎂的最適當量為每100g土壤含30～60mg，鉀與鎂的比例定為鉀1對鎂2以上的情形比較多。缺鎂症的產生，當土壤中的鎂於每100g土壤中低於10mg時易發生。

當鎂缺乏症發生時，葉綠素的生合成會受到抑制，導致葉脈之間發生黃化症狀（褪綠）與壞死斑（壞疽）。由於鎂在植物體內很容易移動，所以當發生缺鎂時，會自老葉移到生長旺盛的新葉。因此，症狀常出現在老葉上。此外，亦會抑制果實生長。

果實附近的葉子出現缺鎂的症狀
（上：番茄、下：柑橘）

# 鎂缺乏症實例

番茄

葡萄

在多數作物中，葉脈間會發生黃化與白化，但在草莓等薔薇科植物會變成黑色

草莓

葉脈間也會有出現壞死斑（壞疽）的情形（西瓜）

# 鉀缺乏

## 肥力差的農田容易發生

作為作物之必要肥料元素，除豆科作物外的大多數作物，對鉀的吸收最多。鉀元素在光合作用與碳水化合物的移動、蛋白質合成的促進、滲透壓的維持等扮演了重要角色。100g土壤含約20～40mg被認為是土壤中最適當濃度，不管濃度過低或過高，都會產生有害影響。

由於鉀在植物體內是可移動的，當缺鉀時，最先干擾新葉，因此症狀會出現在老葉上。目前，鉀缺乏症問題常發生在原本肥力比較缺乏的農地與棄耕再復耕的農場等。

## 大量施用有機肥導致鉀過量

另一方面，鉀含量過剩的農田越來越多也成為一個問題。如第48頁所介紹的，因鉀含量過剩會妨礙鎂與鈣的吸收。

近年來，大量施用有機肥的農田很多，有機質中所含的鉀常過量供給農作物。因此定期進行土壤診斷很重要，如果鉀含量過高時，減少施肥量等，是重要且需經常採取的措施。此外，亦可導入對鉀高吸收力的禾本科牧草，是一種可降低土壤中鉀濃度的方法。

自葉緣開始出現黃色與葉脈間的黃化症狀。容易與鎂缺乏症搞混
（上：葡萄、下：番茄）

# 缺鉀症實例

上面2張照片都是草莓。當缺鉀進展緩慢時，如左圖所示，葉脈間會變為黑色，而當進展迅速時，如右圖所示，則會出現紅褐色斑點。症狀會因缺鉀進展速度而異

葉緣變成黃褐色且乾枯
（甜瓜）

葉脈間亦會出現大的白色斑點
（甘藍）

# 磷與鈣缺乏或過量

## 生長初期要注意磷酸的缺乏

磷酸是肥料的3要素之一，與植物的整體代謝有很深的關係。當缺磷狀態時，株高、分蘗、葉片數、葉面積等都會減少，嚴重時會停止生長。於生育初期對磷酸需求量最大時，容易發生缺乏的現象。此外，當低溫、日照不足等環境逆境出現時，會妨礙植物吸收磷酸，引起缺磷現象。

由於磷酸容易在植物體內移動，因此會自植物基部附近的葉子開始發生白化。這時候，葉子的尖端經常變成深綠色。此時會因花青素系色素的累積，導致果實與花呈紅色或藍色，同時葉子與莖亦可能會變成紅紫色。在豆科植物中，磷酸鹽缺乏時會抑制根瘤的發育，並伴隨發生缺氮的現象。

因磷酸過剩而發生的生長障礙比較少，故常會因這個原因而有過度施肥的趨勢。在水稻幼苗、康乃馨、甜豌豆、胡瓜、蘿蔔等作物中，已證實有因磷酸過剩而引起的外部症狀。

此外，當磷酸過量時，會因拮抗作用而出現抑制鋅、鐵等吸收的問題。

降低土壤中磷酸的方法，除減少磷肥的施用、暫停施肥外，亦可透過深耕來稀釋磷酸的濃度等措施。

## 鈣不易被植物吸收

鈣是農作物的必要元素，對維持細胞內粒線體的活性、光合產物的轉運、細胞壁、細胞膜、染色體結構與功能的維持及各種酵素活性化等，都是必要不可缺少的。此外，也是調節土壤pH值不可欠缺的重要元素。

多數作物對鈣的吸收量高，與氮素吸收量相同或略低於氮素吸收。然而，鈣不易被植物吸收，且在體內也不易移動，即使土壤中的鈣充足，亦會發生鈣缺乏症。

於喜歡鈣的作物中，如果增加石灰施用量，會使作物產量增加。例如葡萄與大豆等。此外，施用石灰後具有提高抗病性的效果。但要注意不可施用過量，否則會妨礙鎂、鉀及磷酸鹽的吸收。

缺鈣症狀主要發生在新葉部位、葉尖、根的分生組織。在蔬果類，番茄尻腐病是眾所皆知的。其他症狀包括甘藍與白菜的心腐，及蘋果等果實亦會出現斑點等症狀。

由於鈣會隨著水而移動，故乾燥條件是最大的敵人。尤其是在高溫下要覆蓋土壤，並進行澆水，採取必要的防止乾燥措施。

## 磷與鈣缺乏或過剩症實例

左上：磷酸缺乏的番茄葉變成紅紫色

右上：磷酸缺乏的裸麥（綠色部分）生長變慢，且更綠

右：因磷酸過剩導致胡瓜葉發生白斑症狀

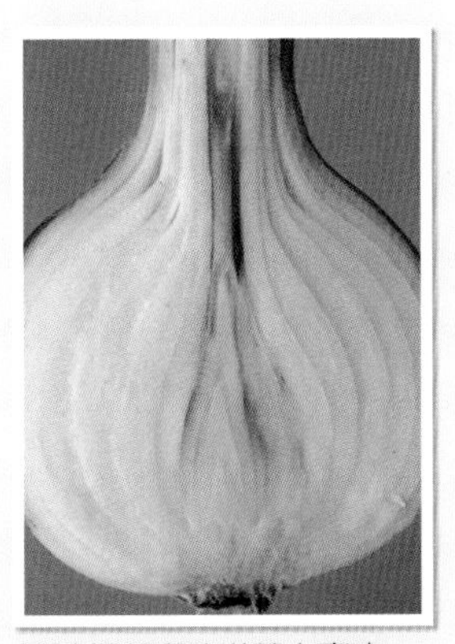

因缺鈣所導致洋蔥心腐病

番茄果實尻腐，因缺鈣所引起。尻腐部分變成黑色，有時亦會出現真菌生長的情形

# 錳與硼缺乏或過量

## 即使是微量元素也可能出現缺乏

於作物生長中，所需量雖然很少，但必須要有的元素有錳、硼、鐵、銅、鋅、鉬、氯、鎳等8種，被稱爲必需微量元素。因所需的量很微小，很容易被認爲不會缺乏。然而，實際上微量元素缺乏症的現象並不罕見。當微量元素缺乏時，會出現各式各樣特徵的症狀。

這8種元素中，在日本很容易發生缺錳與硼的情況，因此只有這2種微量元素被肥料管理法指定爲肥料成分。

在農作物中的微量元素，是人類與動物的礦物質來源，其重要性正在被重新評估。

## 進步帶來的新障礙

肥料的進步，雖然使其被更有效率吸收的情形變得可能，但也增加農地發生營養過剩的情況。例如，因過度施用屬於鹼性資材的石灰，會使土壤鹼化而使pH值大於7.0，導致發生錳與硼等不易吸收的缺乏症。反之，如果土壤酸化，錳會更容易溶於水，易在排水不良的農田發生過剩障礙。

此外，由於設施栽培的普及與品種的多樣化，一年四季栽培變得普遍，伴隨著自土壤中爭奪微量元素量的增加，已成爲發生缺乏症的原因。例如，十字花科作物對硼的需求量很高，而在蘿蔔與小松菜等十字花科蔬菜連作田中，很常出現缺硼現象。但是，硼施用適合量的範圍非常窄，且因各種作物的需求量不同，如果常施用含硼肥料等易引起過剩的問題。

由於因多量元素與微量元素及微量元素之間的拮抗作用，可能會妨礙特定元素的吸收。此外，水分與土壤性質等條件，也會誘發微量元素的缺乏。

考量因微量元素過量或缺乏所引起的障礙害原因很多，應因措施也很困難。因此必須以土壤分析與作物觀察爲基本，仔細進行診斷。由於個人在某些特定項目中可能很難去判別，因此需要向專家諮詢。

## 因缺乏或過剩所引起葉等的症狀

錳在植物體內不易移動，當發生缺乏的狀態時，新葉的葉尖與葉脈間會出現黃化與白化。在錳過剩的情況下，下位葉的葉緣會褐變，並出現褐色的斑點。

當硼缺乏時，除生長發育受到抑制外，果實與莖會龜裂並出現木栓化的症狀。而在硼過剩的狀況下，下位葉的葉緣會黃化或褐變，不久即蔓延全株並枯死。

## 錳與硼缺乏或過剩症實例

缺錳的大豆葉片。葉脈間出現黃化，葉脈會有綠色殘留

錳過剩的甜瓜。下位葉葉脈會變成巧克力的顏色，且隨時間朝上位葉蔓延

硼缺乏症的番茄。果實的表面出現結痂狀的傷痕

硼過剩的豌豆葉。下位葉葉緣出現褐色的斑點，隨後會蔓延到葉脈間

## 高齡者所需的礦物質

### 硼活化大腦的機能

硼元素作爲植物不可欠缺的微量元素，其作用類似鈣所扮演的角色，有助於細胞膜的形成與維持。直到20世紀末，每本教科書都將硼元素寫成是植物必需的物質，而非動物所必需的元素。

這種常識一直到1980年（平成10年）才被推翻。依對非洲爪蟾之研究，硼元素對動物而言也是必要元素，而這結果獲得研究人員的共識。從這時候開始，硼元素對人類的必要性也開始被研究，依美國農部發表指出，硼元素具有活化腦部的功能，且與骨骼形成亦相關。根據這些報告，當攝取硼元素後，腦部反應的時間會變快，可以防止腦的老化。順帶一提，硼元素在蘋果、葡萄等果實及甘藍內存在很多。

### 高齡者的隱藏性缺鋅

當鋅缺乏時，已知會引起食不知味的味覺障礙，不只如此，也會引起高齡者的食欲不振與口角炎、褥瘡症、慢性下痢、活力減退等現象。

對於味覺障礙，若要讓味蕾細胞恢復到最初正常的狀態，必須服用幾個月的鋅製劑，但是對於食欲不振等症狀，在服用鋅後，大多1、2天就可出現明顯效果。調查結果指出，血清中的鋅濃度會隨著高齡而下降，說明缺鋅是普遍且具隱藏性的。順帶一提，鋅元素除存在於牡蠣與肉類外，芝麻與蠶豆亦富含鋅。

# 第5章 肥料的需求與分類

就算是沒有肥料，植物也能生長。但是，爲了每年能在同一塊田種好作物，施用肥料是必要的。這是因爲土壤中的養分，被收穫的作物吸收了。在理想狀態下，栽培健康作物所必要的肥料，是在必要時施用所需的量。因爲這個原因，必須知道哪種肥料是必需的，以及何時需要。

# 爲何需要肥料

## 肥料是施用於土壤與植物的養分

於自然的山野中，在不施用肥料下，草木還是年復一年地生長，那麼爲何在農業中需要肥料呢？

讓我們來看看肥料最初的定義。根據日本肥料管理法（第2條第1款），肥料是「爲了提供植物營養與支持植物栽培，使土壤發生化學變化爲目的而施用於土地，以有助於提供植物營養爲目的而施給植物的物質」。除「施於土壤的物質」外，葉面噴施與養液栽培等，直接「施用於植物的物質」也稱爲肥料。此外，非人類所施用的物質，而是原本存於土壤中的養分，通常被稱爲「天然提供的養分」。

肥料在農業上爲何是必要的，接下來讓我們思考看看。

## 補給養分的同時可種植農作物

在大面積農田，每年栽培單一作物，已成爲現代農業耕作的方法。此外，還要求必須持續提高產量。爲了能長期保持這種狀態，土壤中所含的天然供給養分自然不足。

換句話說，「如果不施用肥料而栽培作物的話，作物就會長得不好。這是因爲只由土壤自然提供養分，會使作物所必需的養分不足，而肥料所扮演的角色，即是補充作物所需卻不足的養分」（參考日本土壤協會「土壤診斷與生育診斷的基礎」）。

作物生長所必要的養分（必需養分），在必要時期（施肥時期）、在需要的地方（施肥位置），只施用需要的量（施肥量），以均衡且適合的形態（肥料形態）施用，使化學肥料能在農業中發揮最重要的作用。

## 不管多少都不會發育

若要作物生長得好，氮（N）、磷（P）及鉀（K）3要素對作物非常重要，但還有許多其他必需養分（第60、62頁）。

直接影響產量的是，在養分中最缺乏的要素（下頁），這就是所謂的「最小養分定律」。此外，要注意光照、溫度、水分、空氣等環境因素也會影響產量（在這種情況下稱「最小定律」）。然而，當施用更多肥料時，會增加產量嗎？雖某個程度上會增加產量，但如果繼續增加施肥量，就會逐漸失去平衡而無法控制。這就是所謂的「收益漸減法則」。在最近的土壤中，比起肥料缺乏，施肥過剩所造成的品質與產量低迷已成爲主要問題。

# 肥料的必要性與最小（養分）定律

## 為何肥料是必要的

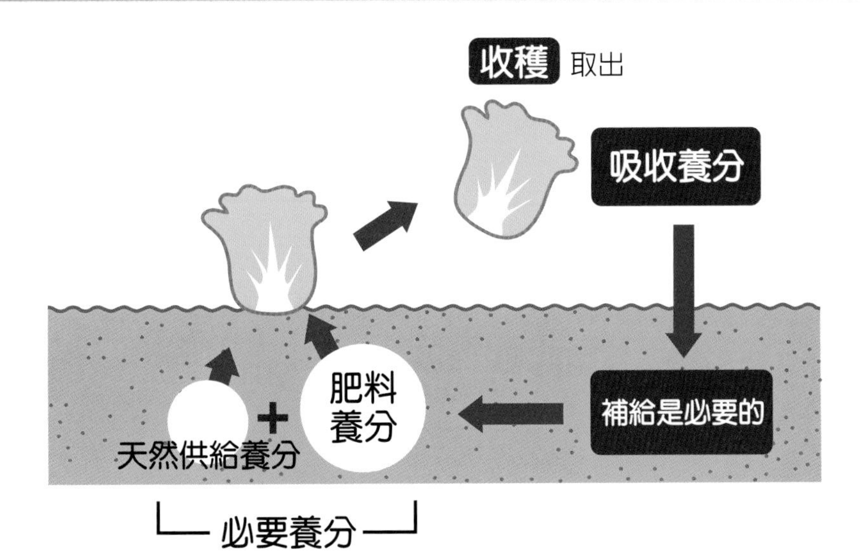


## 最小（養分）定律

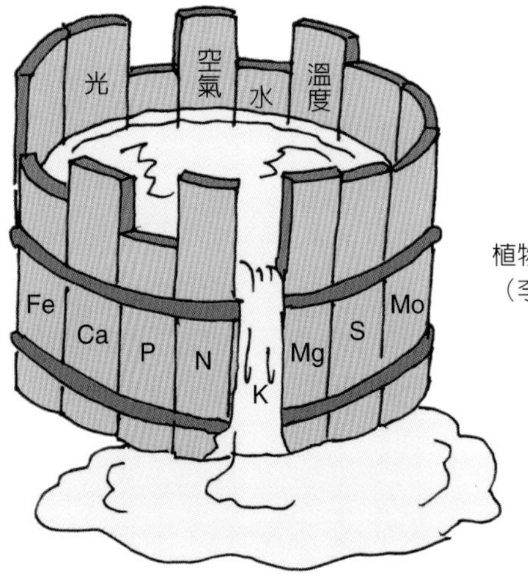


植物的生長，受到必需元素最少量的限制
（李比希最低量定律的要素桶）

# 植物的必要元素(1)多量元素

## 氮、磷、鉀是肥料的3要素

在植物生長所必需的養分中，有9種元素的需求量相對較大（下頁）。其中，碳（C）、氫（H）及氧（O），由大氣中的二氧化碳（$CO_2$）與氧（$O_2$），及土壤中的水（$H_2O$）供給。

其餘的6種要素，在不足時必須以肥料補充。其中氮（N）、磷（P）及鉀（K），對作物生長所需要的量大，常作爲肥料來施用，效果（施用效果）很大。這些元素被稱爲「肥料的3要素」。

**【氮（N）】**是與作物生長和產量最有重要關係的養分，與莖葉伸展、葉子顏色的濃淡有關，被稱爲「葉肥」。當施用過剩時，會因發育較軟弱而易發生病蟲害，導致產量與品質下降。

**【磷（P）】**主要與開花、結果有關，被稱爲「花肥」或「果肥」。由於日本的土壤常常缺乏磷酸，因此不施用磷酸時常會減少產量。

**【鉀（K）】**主要是促進根系生長，被稱爲「根肥」。鉀元素於土壤中有多少植物就吸收多少的特性（奢侈吸收），但與作物對鉀的需求不如氮多。

## 剩下的3要素合起來也很重要

**【鈣（Ca）】**是與上述3要素一起，被稱爲「肥料4要素」的重要元素。是植物分生組織，特別是根尖正常發育不可欠缺的重要成分，可促進根系生長。同時也具有強化細胞與細胞間聯繫的功能。然而，在鉀過剩的土壤中，因拮抗作用（第33頁）容易抑制鈣的吸收。

**【鎂（Mg）】**是構成葉綠素的一種成分，可促進植物體內各種酶的活性。當土壤中缺乏這種元素時，會自下位較老的葉子向上移動到上位葉。因此，缺乏症自下位葉開始發生。於鎂元素也是一樣，因與鉀的拮抗作用，可能引起缺乏症。

**【硫（S）】**對農作物而言的需求量與磷一樣多，如果硫缺乏，農作物就會變得軟弱，且容易感染病害。與缺氮症狀相似，葉片會變成淡黃色，並從下位葉開始發生症狀。

一般而言，日本的土壤因爲含有大量的天然硫元素，所以不需要考慮施用硫元素肥，但近年來，這個常識正在改變。隨著使用含有大量氮、磷及鉀的肥料，使副成分爲較少硫元素的高級複合肥持續使用的案例增加，可能會導致硫元素的缺乏在不知不覺中蔓延開來（第108頁）。

## 什麼是多量元素

### 作物不可欠缺的元素

### 6 種多量元素與其在植物體內的功能

| | | |
|---|---|---|
| N | 氮 | 蛋白質、胺基酸、葉綠素、酵素的構成成分。促進根的發育與莖葉的生長，積極吸收養分並同化。 |
| P | 磷 | 扮演呼吸作用與體內能量傳導的重要功能。促進一般植物的生長、分化、根的生長、開花、結果。 |
| K | 鉀 | 與光合成及碳水化合物的移動及累積有關。扮演硝酸的吸收、蛋白質合成的角色。促進開花結果，並強化根莖。 |
| Ca | 鈣（石灰） | 中和體內過剩的有機酸。強化細胞膜，增強耐病性。促進根的發育。 |
| Mg | 鎂（苦土） | 葉綠素的成分。與磷的吸收及體內移動有關。活化碳水化合物代謝、磷酸代謝相關酵素。 |
| S | 硫 | 蛋白質、胺基酸、維生素等重要化合物的生合成。與碳水化合物代謝、葉綠素生合成間接相關。 |

# 植物的必要元素(2)微量元素

## 什麼是微量必需要素（元素）

在植物生命活動中不可欠缺的必需要素，是指在植物體內含量不多（需要量少）的元素。目前，有8種元素被認可。

從在植物體內所扮演的角色來看（下頁），可分成3類，①協助葉綠素生合成不可欠缺的物質（鐵、錳、鋅、銅、氯），②構成體內酵素成分不可欠缺的物質（鉬、鎳），③協助細胞組織形成與維持的物質（硼）。

基本上，這些物質是由土壤中的天然礦物質成分作爲供給源。由於土壤中含有大量的鐵，一般情況下，不會發生缺鐵的情形，但當土壤呈鹼性時就變成難以吸收，進而出現缺鐵症狀。錳在土壤酸化狀態下變得更易溶解，使植物容易發生過剩障礙。因此，微量必需元素的缺乏與過剩，與土壤pH值（酸度）有很密切的關係。

## 稱為必需元素的條件

直到19世紀中後期至20世紀，才明瞭植物的必要元素是什麼。現在對必要元素的研究仍在持續進行中，最新必要元素成員是鎳（Ni）。鎳是植物生長不可欠缺的尿素分解酵素中，構成脲酶的一種成分，被認爲是必要元素。缺乏時會導致葉片黃化，並白化枯死。

那麼判斷必要元素時，需要哪些條件呢？

**條件①必要性：**該元素缺乏時會阻礙生長。

**條件②不可替代性：**補充該元素後會改善特定缺乏的症狀。

**條件③直接性：**該元素與植物的營養狀態有直接相關。

然而在必要元素中，也有一些只有特定作物才必需的元素。

## 對特定作物所必需的「有用元素」

雖不屬於必要元素，但對特定作物有益的物質稱爲「有用元素」。

土壤中含有大量的矽元素（Si），在禾本科作物中含量特別高，並被認爲具有強化莖葉的效果。有許多報告指出，當缺乏時容易感染稻熱病。

另一種爲鈷（Co），被認爲具有促進豆科植物生長的功能。

# 什麼是微量元素

## 作物不可欠缺的元素

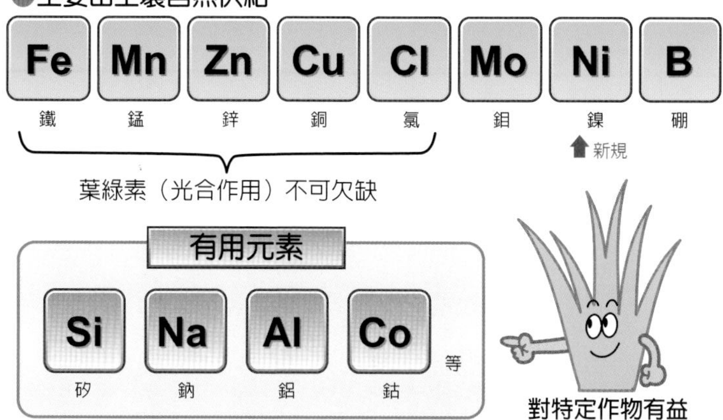


## 8 種微量元素與其在植物體內的功能

| | | |
|---|---|---|
| Fe | 鐵 | 與葉綠素的前驅物質合成有關。是構成與光合作用之化學反應有關酵素的成分。鐵在土壤中的含量大。鹼化狀態下成為不可供給態。 |
| Mn | 錳 | 扮演對合成葉綠素、光合作用、酵素活性等生理的重要角色。土壤鹼化狀態下成為不可供給態。在酸化下會發生過剩障礙。 |
| Zn | 鋅 | 葉綠素的形成及調節植物生長賀爾蒙。與體內酵素活性有關。細胞分裂不可欠缺。當缺乏時，蛋白質合成會受到阻害。 |
| Cu | 銅 | 葉綠體中的酵素蛋白內含量多，對光合作用與呼吸作用具有重要功能。銅欠缺時新葉會黃化、生長停止、容易發生不稔。 |
| Cl | 氯 | 與錳一樣可作為光合作用之氧發生反應的觸媒。植物體內氯含有率是微量元素中最大的。當施用氯元素時，可增加纖維質。 |
| Mo | 鉬 | 是構成植物體內硝酸還原酵素的成分，扮演硝酸態氮素之蛋白質同化時的重要功能。對根瘤菌的固氮作用也是必要的。 |
| Ni | 鎳 | 是構成植物體內所存在尿素之分解酵素（脲酶）的重要成分。透過脲酶的作用與蛋白質生合成有關。 |
| B | 硼 | 與鈣類似，有助於細胞膜的形成與維持。當缺乏時會阻礙根的生長，根毛量會減少。植物會出現矮性的情形。 |

# 肥料的分類（普通肥料、特殊肥料）

## 普通肥料貼有「保證標章」

日本市售的肥料，依該國肥料管理法，可分成普通肥料與特殊肥料。這種區別，與成分含量等是否有品質保證之標準也有關。

對於普通肥料，只要獲得日本農林水產大臣或都道府縣知事接受登記後，即可開始生產。在袋子上必須要標有製造商、進口商、販賣業者的「保證標章」。另外，肥料成分有官方標準，被保證含有效成分，主要物質如左圖來區分。除無機化學肥料外，還包括有機肥料。

**普通肥料**

**添加3要素的肥料**

- 無機氮素肥料……硫酸銨、氯化銨、尿素等
- 無機磷酸肥料……過磷酸石灰、熔磷等
- 無機鉀肥料……硫酸鉀、氯化鉀等
- 有機質肥料……菜子粕、魚粉等
- 複合肥料……高級合成、普通合成、混合肥料等

**其他必需成分的肥料**

- 石灰質肥料……氫氧化鈣、碳酸鈣等
- 苦土（鎂）肥料……硫酸鎂、氫氧化鎂等
- 矽酸質肥料……矽酸鈣等
- 錳元素肥料……硫酸錳等
- 硼元素肥料……硼酸、硼砂等
- 微量元素複合肥料……F、T、E（熔成微量元素複合肥料）等

## 特殊肥料不需要有成分保證

所謂特殊肥料，是由日本農林水產大臣所指定種類的肥料，就算沒有附上保證標章，只要向都道府縣提出申請後，就可生產販售的肥料（即使無成分保證也無罰則）。由於品質、成分不穩定，因此很難保證成分，但是指含有對農作物具有營養成分的肥料。主要的特殊肥料有魚渣、蒸製骨、肉渣、碎石灰石等，這些物質都是尚未磨成粉，呈最初的形態（若是磨成粉後必須登記爲普通肥料）。

此外，堆肥、米糠、草木灰、家畜糞便等，因在品質很多樣的狀況下，無法藉由主成分的多寡來統一評估其價值，故這些物質被指定爲特殊肥料。

### ●堆肥與家畜糞便需有「品質標示」的義務

然而，對於堆肥與家畜糞便而言，因品牌的品質變化很大，故必須要有適當的標示，如針對既定的氮素、磷酸、鉀的成分含量等項目有義務黏上「品質標示」（下頁）。

*

另外，不屬於肥料的「土壤改良資材」在市面上也很多。爲了也能適當表示品質，基於日本地力增進法所指定的12種資材，規定了成分基準與用途、效果的標示（第100頁）。

# 肥料的區別與標示

## 肥料的區別

土壤改良資材　　肥　料

依肥料管理法表示

| | |
|---|---|
| 肥料的名稱 | ●●●●●●●1號 |
| 肥料的種類 | 堆肥 |
| 申請之都道府縣 | 栃木縣申請　第●●●號 |
| 標示者的姓名與居住所在地 | |
| 有限公司 | ●●●●●●●●●●●●●● |
| | 栃木縣大田原市 |
| 淨重 | 1kg |
| 生產年月 | 依欄外所記載 |
| （原料） | |
| 牛糞、鋸木屑 | |
| 備註：生產時所使用原料重量之大小 | |
| 主要成分的含量（%） | |
| 氮素全量 | 0.64 |
| 磷酸全量 | 0.57 |
| 鉀全量 | 2.1 |
| 碳氮比（C/N） | 16.3 |

▲「特殊肥料」的品質標示例

生產業者保證標示

| | |
|---|---|
| 登記號碼 | 生第●●●●●號 |
| 肥料的種類 | 合成肥料 |
| 肥料的名稱 | ●●●燐硝安加里S604 |
| 保證成分量（%） | |
| 氮素全量 | 16.0 |
| 內氨性氮素 | 9.1 |
| 硝酸性氮素 | 6.9 |
| 可溶性磷酸 | 10.0 |
| 內水溶性磷酸 | 7.0 |
| 水溶性鉀 | 14.0 |
| 原料的種類 | |
| （保證氮素全量與所含的原料） | |
| | 不符合 |
| 淨重 | 20kg |
| 生產年月 | 於封口部分有標示 |

生產業者的姓名與居住所在地

●●●●●●●●公司

東京都天代田區

生產工廠名稱與所在地

於封口部有簡稱與標示

▲「生產業者保證票」的一例。如果貼上這個就是普通肥料

# 肥料的分類（化學肥料、有機質肥料）

## 化學肥料的種類

所謂的化學肥料，是指透過化學方式加工（合成）的無機質肥料。

在化學肥料中，僅含有肥料3要素（N、P、K）中的一種時，稱為「單一肥料」。將單一肥料混合，含有2種以上的肥料為「複合肥料」。

在複合肥料中，每一粒肥料含有3要素中的2種要素時，稱為「化學合成肥料」。依化學合成肥料的肥料成分總和分成2種，當總和不超過30％時，稱為「普通化學合成肥料」，而總和超過30％時，則稱為「高度化學合成肥料」（第82頁）。

在複合肥料中，還有「混合肥料」及不同形態的「乳態肥料」、「液態肥料」等。

附帶說明，在日本有機農產品的農林標準（有機JAS法）中，只要是屬於未進行化學處理之無機質肥料，就被認可在農地使用（第68頁）。

## 有機質肥料的種類

所謂的有機質肥料，是來自生物（植物與動物）的有機物所製成的肥料。因有機肥料是來自生物，故除含有3要素的多量元素外，亦含有微量元素。

有很多是來自菜籽粕與豆粕等食品製造副產物所產生的物質，其他還有魚渣、來自家畜的骨粉、肉渣粉末等製成的動物性肥料。

此外，被指定為特殊肥料（第64頁），以牛糞、豬糞、雞糞為主要原料的各種類型堆肥也被大量利用（平成22年為544萬噸）。所謂的堆肥，除有肥料的效果外，也具有改良土壤物理性的效果與活化土壤微生物的作用，具扮演土壤改良資材的角色。

## 化學肥料與有機質肥料的特性比較

總結化學肥料（化肥）與有機質肥料（有機）的特徵，如下所示（下頁）。

有機肥在單位成分價格上比化肥貴，但肥料的效果（肥效）可穩定持久且對根部溫和，可利於高品質栽培。相對在化學肥料上，價格便宜且無味無臭、易於儲存，並很快就可看到效果且易於控制施肥量。

土壤肥料的研究人員怎麼看呢？

在研究人員之間有此一說，「有機農產品被認為很好吃。其中一個原因是有機質肥料會慢慢分解，有利於農作物的生長。但100％的化學肥料若能少量施用的話，也可以生產出好吃的農作物。即不管是只施用有機肥或化肥，只要能適度的施用，最終就能創造對生態友好的農業環境」。

# 化學肥料與有機質肥料

## 無機質肥料與有機質肥料

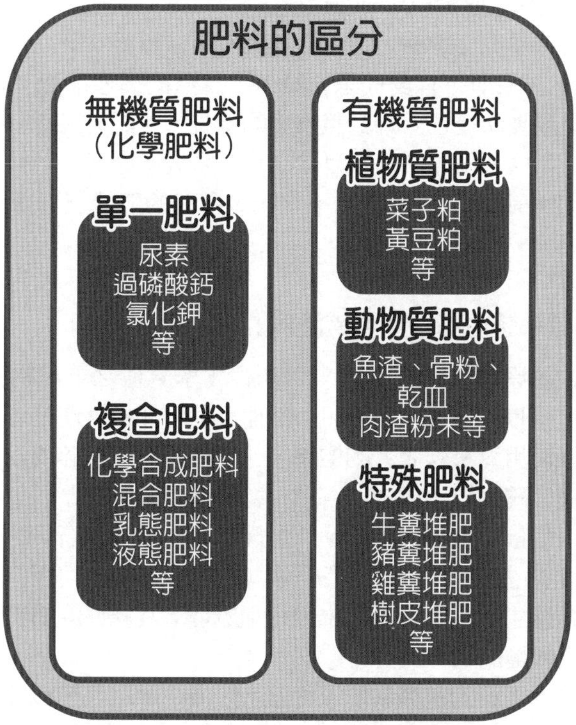

### 肥料的區分

**無機質肥料（化學肥料）**

**單一肥料**
尿素
過磷酸鈣
氯化鉀
等

**複合肥料**
化學合成肥料
混合肥料
乳態肥料
液態肥料
等

**有機質肥料**

**植物質肥料**
菜子粕
黃豆粕
等

**動物質肥料**
魚渣、骨粉、乾血
肉渣粉末等

**特殊肥料**
牛糞堆肥
豬糞堆肥
雞糞堆肥
樹皮堆肥
等

## 化學肥料與有機質肥料的特徵

| | 化學肥料 | 有機質肥料 |
|---|---|---|
| 原料與製法 | 無機質資材經化學合成 | 有機質資材經發酵、腐熟 |
| 肥效 | 速效型<br>（也有緩效性肥料與肥效調節型肥料） | 緩效型 |
| 價格 | 單位成分的價格便宜 | 單位成分的價格貴 |
| 品質 | 品質穩定 | 品質會不穩定 |
| 供給 | 可以穩定供給 | 肥料供給量有限 |
| 其他 | 確實能夠補充不足的養分<br>容易調節施肥量<br>怕施用太多造成肥傷 | 具有改善土壤的物理性、活化微生物等的效果<br>對根部影響效果溫和 |

# 有機農業與化學肥料

## 有機農業不能使用「化學合成的肥料」

根據日本有機農業促進法，「有機農業」明白指出「不能使用化學合成的肥料與農藥」。即所有農民想要將自己生產的農產品以「有機農產品」販售時，必須要接受已登錄認證機構的檢查，才能成爲「有機認證農產品」，而其使用之相關肥料必須是除「化學合成（處理）肥料」以外的才可使用。也就是說，有機農業並不意味著所有的無機肥料都被禁止使用。

## 日本有機JAS標準認可的「無機質肥料」

根據有機JAS標準，如果是「來自未經化學處理之天然物質（礦石等）的資材」，可以當作肥料來使用。然而，怎麼樣的處理是可以被接受的？根據「可以使用資材列表」的標準，「天然礦石經粉碎或以水洗滌精煉後的物質」與「經燃燒、燒成、熔融、乾餾所製成的物質」，是不屬於化學處理且使用是被認可的。例如，「熔磷肥」（是磷礦石與蛇紋岩等經1,400℃下燒成熔融後，急速冷凍並粉碎製成的物質）也在可用清單中。在下表所列出的目錄中，所有適合「未經化學處理」之條件的物質，都被認可是可用於有機栽培的肥料。

即使是無化學肥料的有機栽培，實際上只能使用這些無機質肥料。多數農民喜歡具有選擇範圍廣泛的肥料，但也有純有機耕作的農民，批評此類肥料與慣行栽培無太大區別。

**日本有機JAS標準可以使用的肥料**

| | |
|---|---|
| ○碳酸鈣 | ○石膏（硫酸鈣） |
| ○氯化鉀 | ○硫 |
| ○硫酸鉀 | ○生石灰（氧化鈣）（含苦土生石灰） |
| ○硫酸鎂鉀 | ○消石灰（氫氧化鈣） |
| ○天然磷礦石 | ○礦渣矽酸質肥料 |
| ○硫酸鎂 | ○熔磷肥 |
| ○氫氧化鎂 | |

註：未進行化學處理來自天然物質的資材。

# 第6章 化學肥料的種類與特徵

所謂的化學肥料，是屬於化學合成的無機肥料。在合成處理上難度比較大，但效果卻很明顯。

有單一肥料與複合肥料、高級化學合成肥料與普通化學合成肥料等多種類型。了解各式各樣肥料的特性，是正確施肥管理的第一步。

# 氮素肥料（單肥）

## 硫銨（硫酸銨）——用於基肥、追肥

硫酸銨是於1901年（明治34）年開始國產化的老牌氮肥，至今仍是僅次於尿素之第二大生產的肥料，長久以來一直被用作化學合成肥料的氮素源。

硫酸銨是屬於一種速效性之生理酸性肥料。易溶於水，在土壤溶液中分解成氨與硫酸，氨會保留在土壤膠體中，並轉化爲硝酸鹽後被作物吸收。

作爲次要成分的硫酸，會與吸附在土壤膠體上的石灰結合形成石膏（硫酸鈣）而沉澱在下層，導致土壤酸化。因此，在使用硫酸銨作爲基肥時，需要調查田間的pH值，並提前施用石灰質資材。當硫酸銨與石灰材料接觸時會逸出氨氣，石灰質資材應至少提前1週施用。

## 尿素——用於追肥、液肥

尿素是自戰後1948年（昭和23年）才開始生產出現的氮素肥料。尿素是屬於尿素態氮肥中的一種中性肥料，不會導致土壤酸化。與之前的硫酸銨比較，尿素被使用得更多。

尿素中的氮素含量爲46%。因爲光滑輕盈，在施用時必須注意不可施用過量。

尿素施用後會立即溶解，並轉變成氨與硝酸。氨會被土壤膠體吸附，因爲硝酸爲負離子，不被會吸附，而溶解在土壤溶液中。因此，尿素很容易會提高土壤溶液中的鹽類濃度（EC）。

由於尿素具速效性，適合一點一點少量以追肥方式施用，也推薦用水溶解後以液肥方式施用。由於尿素也可透過葉片吸收，所以葉面噴灑也很有效。可以用水稀釋100～200倍後噴灑（以50～100g尿素溶於10L水中即可）。

## 石灰氮素——基肥專用，也具農藥效果

石灰氮素也是自明治末期才開始被販售的肥料，由於具有兼顧肥料與農藥效果的優勢，現在依然受到大衆的支持。該肥料含21%氮素成分（氰胺態），亦含石灰岩（55%鹼性）的鹼基性肥料。主要成分爲氰氨化鈣，當施用後與水分反應會生成有毒的氨基氰。氨基氰在7～10天左右會被分解成氨，在毒性消失後就可以播種與種植。由於這種氨基氰有毒性，因此具有防治線蟲與雜草的效果。

＊

在氮素單肥中，也包含「硝酸銨」與「銨鹽」（下頁）。

## 氮素肥料的種類與特性

### 主要的氮素（N）肥料（單肥）

| 肥料 | 性質 | 成分 | 備註 | 肥效 | 用途 |
| --- | --- | --- | --- | --- | --- |
| 硫酸銨 N21%（S24%） | （生理的酸性） | 氨、硫酸 $(NH_4)_2SO_4$ | ＊含有必需元素的離子（S） | 速效性 | 基肥、追肥用 |
| 尿素 N46% | （中性） | 尿素態氮素 $CO(NH_2)_2$ | ＊氮素成分多，注意不可過量 | 速效性 | 基肥、追肥用（亦可作為液肥用） |
| 石灰氮素 N21%（Ca60%） | （鹼性） | 氰胺態氮素 $CaCN_2$、$CaO$ | ＊具農藥效果（殺線蟲、除草） | 緩效性 | 基肥專用 |
| 硝酸銨 N34% | （生理的中性） | 氨、硝酸 $NH_4NO_3$ | ＊注意肥傷、葉傷 | 速效性 | 基肥、追肥用（亦可作為液肥用） |
| 銨鹽 N25% | （生理的酸性） | 氨、鹽酸 $NH_4Cl$ | ＊注意肥傷、不適合薯類 | 速效性 | 基肥、追肥用 |

# 磷酸肥料（單肥）

## 磷肥是整體肥料的基本

在作物中，磷酸是生長初期必要的。當根系能充分生長並透過前端吸收儲存在體內的細胞中時，那麼之後的生長就會很好。因此，磷肥是作爲全體基肥施用時的基本。

一項對日本蔬菜產區土壤的調查顯示，在大多數農田中，含有作物所必需「有效態磷酸」以上的含量。事實上，土壤中的磷酸因改良酸性而大量施用的石灰質資材形成所謂的「磷酸3石灰」，由於幾乎無法溶於水，進而變成弱酸性可溶解之化合物。

由於持續鹼化，因此在無效磷酸累積的田裡中，施用具水溶性速效磷肥是比較理想的。

## 過石（過磷酸石灰）——速效性，也包含石膏

過磷酸石灰，爲水溶性磷酸肥料，具有速效性。然而，在強酸性黑土等內的鋁活性高，此時會與過磷酸石灰結合變成不易溶化，因此使用訣竅是將其與堆肥混合施用。

過磷酸石灰含有副成分「石膏」（硫酸鈣）。石膏是硫與石灰的供給來源。石膏比碳酸鈣與苦土石灰更易溶於水，可以在不提高土壤pH值的情況下供應石灰。

## 熔磷（熔磷肥）——緩效性，可改良土壤

熔磷不易溶解於水，含有檸檬酸磷酸鹽（與根部的有機酸或酸性肥料接觸時會溶解），爲緩效性的磷酸肥料。此外，熔磷也是含有大量石灰與苦土（鎂）等鹼性的肥料，因此對火山灰土壤與貧瘠土地的土壤具有改良的效果。在新開墾的農田，除補充苦土與石灰外，亦可同時施用熔磷，作爲定植前的基肥，爲提高初期施肥效果，建議可施用過磷酸石灰。

## 亞磷酸肥料——為現在受注目的新型肥料

亞磷酸肥料，爲受到農民注目的一種新型速效性磷酸肥料。與磷酸（$H_3PO_4$）比較，亞磷酸（$H_3PO_3$）少了一個氧分子。

亞磷酸具有以下特性：①高溶解性；②因分子量小，在作物體內的移行性高；③不易被土壤吸附。雖然是每10kg超過5000日圓的昂貴肥料，但施用後效果很高。對於玉米，在每個種植孔穴中施用1湯匙（約10日圓），即可促進根系生長，增加株高與葉片大小，達到每株可採收3條玉米果實。在各地區的蔬果、水稻等方面，具有顯著提升耐病性與增加產量等特性的效果。

## 磷酸肥料的種類與特性

### 主要的磷酸（P）肥料（單肥）

**過　石**
（過磷酸石灰）
**P17%**
（水溶性）
（石膏 40%）

（生理的中性）**速效性** 基肥用

副成分　**石膏（硫酸鈣）**
- 在不增加 pH 値下提供石灰（Ca）
- 硫（S）的補給源

**熔磷**
（熔磷肥）
**P20%**
（檸檬酸溶性）
（苦土 15%
矽酸 20%
鹼含量 50%）

（鹼性）**緩效性** 土壤改良用

- 會緩慢流失，很少會被固定
- 含苦土（Mg）、石灰（Ca）
- 可改良酸性土、火山灰土

**亞磷酸肥料**
（例）
亞磷酸粒狀 2 號 *
P10%（水溶性）
K 7%（水溶性）

（酸性）**速效性** 基肥用

- 溶解性，於體內移行性高
- 不易被土壤吸附

＊製造商：OAT アグリオ（株）

# 鉀肥料（單肥）

## 「硫加」與「鹽加」哪裡不同

在單一肥料的鉀肥中，硫加與鹽加使用的最多。兩者都是易溶於水且具速效性的肥料。

**【硫加（硫酸鉀）】**保證有50%的水溶性鉀。硫酸鉀屬中性，可以與任何肥料混合使用，副成分含有硫酸，爲一種生理酸性肥料。硫酸根離子，因會與土壤中的鈣反應形成石膏，故在土壤溶液內的濃度不高，不易讓作物受到濃度損害。

**【鹽加（氯化鉀）】**保證有60%的水溶性鉀。氯化鉀是含氯元素副成分的生理酸性肥料。氯離子會與土壤中的鈣反應生成氯化鈣，因氯化鈣極易溶於水，使土壤內的溶液濃度很容易升高，作物易受到損害。

另外，氯化鉀因具有高吸溼性，殘留後會變黏稠，如果黏附在葉片上時會引起葉燒。除硫酸鉀外，其他種類的吸溼性較小。

## 副成分對作物的影響

副成分的不同，會出現作物生長與收穫產品品質的差異。

**硫酸鉀**——對甘薯、馬鈴薯等澱粉類作物中的澱粉合成具促進效果，可生產出肥大且風味好的薯塊。雖然現在菸草種植面積已經越來越少，但施用硫酸鉀後，一點火，其香味就會變得很好。

**氯化鉀**——因對纖維質的發展很好，適用於棉花、藺草、亞麻等纖維作物。於水稻生長後期施用時，莖中的纖維會增多而不易倒伏。但是，施用在薯類作物時，薯塊內的纖維會增多，而施用在菸草時就會變得很難點燃。是種植菸草嚴禁施用的肥料。

不管是哪一種，作爲副成分的硫酸（硫）與氯的效果（或危害）都會出現在農作物上。

從這個方向來看，你就會明白在實際耕作的農民中，即使成本支出高過10%，也會使用硫酸鉀。

## 鉀肥最好再減少施用

在實際的蔬菜田與果園中，累積了大量的鉀元素，暫時不需施用鉀肥的農田有很多。各地所發生缺鎂的情形，可能是因爲鉀元素過量的原因。「鉀易溶於水，很容易流失」，每年都會施用與氮素相同或大於的量，此外，與大量施用含豐富鉀元素之家畜糞便堆肥也有關。大量的鉀元素，是導致土壤pH升高的原因。

在這種情況下，可以施用少量不會讓土壤溶液中的鉀濃度太高的硫酸鉀。

## 硫酸鉀與氯化鉀的不同

### 鉀（K）肥料（單肥）

| 硫加 | 鹽加 |
| --- | --- |
| （硫酸鉀） | （氯化鉀） |
| K50% | K60% |
| （水溶性） | （水溶性） |
| $K_2SO_4$ | KCl |
| 速效性　含硫酸（S）（基肥、追肥用） | 速效性　含氯素（C1）（基肥、追肥用） |

就算同樣是鉀肥料——

醣分比較多
（最適合薯類）

纖維比較多
（不適合薯類）

# 石灰質肥料（單肥）

## 酸性改善的主角「碳酸鈣」與「苦土石灰」

土壤施用石灰的目的有2個：酸性的改善，與供應作物吸收所需的鈣。

如下頁所示，石灰質肥料的原料是石灰岩（主要成分爲碳酸鈣），將其粉碎後的物質稱爲「碳酸鈣」。此外，在高溫下燒成的物質爲「生石灰」（氧化鈣），而生石灰加水後的物質爲「熟石灰」（氫氧化鈣）。若原料中使用含有苦土成分的白雲石系石灰岩，將其粉碎後的物質稱爲「苦土石灰」。

由於生石灰的鹼含量高，加水後會發熱、不易處理，而種子與幼苗接觸到熟石灰也會引起損害，因此必須提前於種植前1～2週與土壤混合，目前在酸性改良中，只使用易於管理的「碳酸鈣」與「苦土石灰」。

於酸性土壤改良時，將pH值提高1的石灰量，如下頁表格所示，取決於石灰的種類與土壤而改變。

## 什麼樣的水溶性石灰（碳酸鈣）可被農作物吸收

施用石灰的另一個目的是，能被作物吸收之鈣元素的供應是否順利。目前爲止，爲改善酸性而施用的碳酸鈣，已牢牢累積在農田裡，因爲對水的溶解度極低，不易被作物吸收，進而使土壤更接近鹼性，使碳酸鈣變成更難溶解的狀態。當發生這種情況時，即使田間的鈣元素充足，仍容易引起碳酸鈣缺乏症。

在pH值超過6以上亦發生碳酸鈣缺乏（如番茄尻腐病）的田地內，若要使碳酸鈣容易被吸收，需要減少整體肥料的施用（特別是減少鉀肥），恢復各元素間的平衡，使pH值下降。如果這個措施無效果時，可以提供易溶於水與作物容易吸收的碳酸鈣。

以下推薦2種方式。

**【石膏（硫酸鈣）】**比碳酸鈣更易溶解，水溶液呈酸性，不會提高pH值，由於硫酸根中含有硫，對恢復營養平衡很有幫助。雖然有只含石膏的特殊肥料（如全農的「田之鈣」），但除石膏成分以外，若含有「過磷酸碳酸鈣」與「普通化學合成品」的商品可賣得很好。

**【硝酸石灰】**也是水溶性物質，是容易吸收且不會提高pH值而備受矚目的肥料。到目前爲止，由於碳酸鈣會助長瘡痂病的發生，因此在日本北海道馬鈴薯產區都要避免使用，若特別將其作爲追肥使用時，可減少薯塊中心空洞或軟腐病，且具均衡提高薯塊品質的效果。由於這種「硝酸鈣」中含有硝酸鹽形態的氮元素，兼具氮素與鈣元素的效果，在栽培時將石灰作爲追肥使用，對生產高品質馬鈴薯具很好的效果，已成爲一種新的常識。

# 石灰（鈣）質肥料的種類與特性

## 石灰質肥料

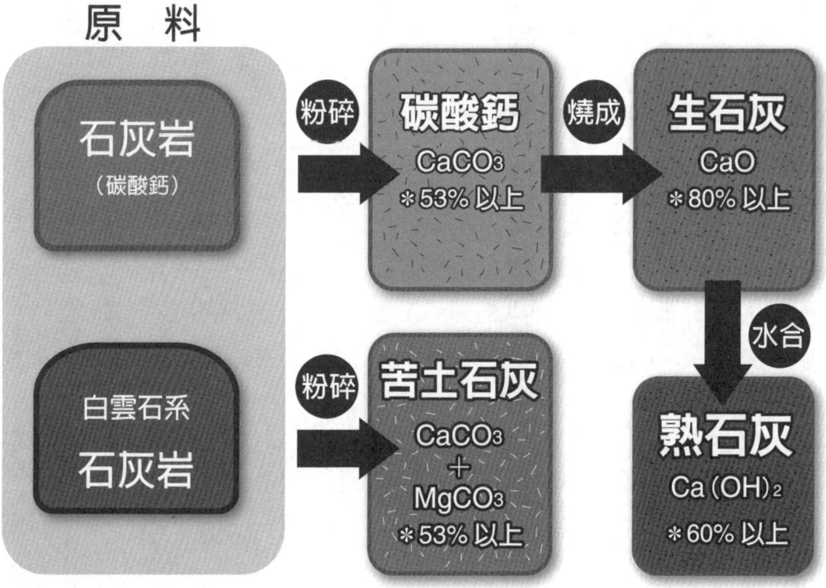

原　料

石灰岩（碳酸鈣）→ 粉碎 → 碳酸鈣 $CaCO_3$ ＊53% 以上 → 燒成 → 生石灰 CaO ＊80% 以上 → 水合 → 熟石灰 $Ca(OH)_2$ ＊60% 以上

白雲石系石灰岩 → 粉碎 → 苦土石灰 $CaCO_3$ ＋ $MgCO_3$ ＊53% 以上

＊鹼含量：生石灰（純品）的中和力為 100 時的比值

土壤pH上升1時所需的石灰量（kg/10a）

| | 碳酸鈣 | 苦土石灰 | 熟石灰 |
|---|---|---|---|
| 黑土 | 350 | 330 | 270 |
| 非黑土 | 200 | 200 | 160 |

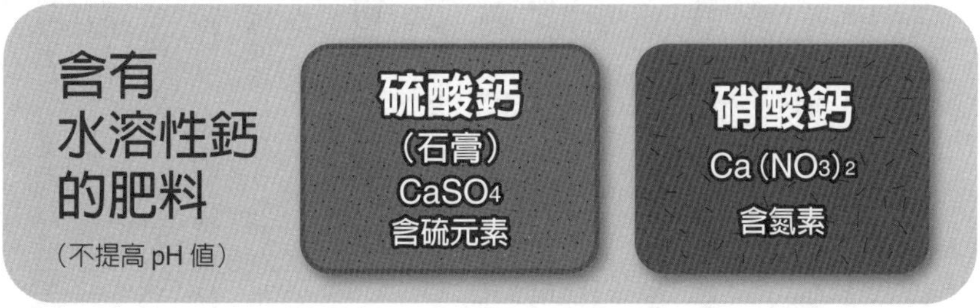

含有水溶性鈣的肥料（不提高 pH 值）

- 硫酸鈣（石膏）$CaSO_4$ 含硫元素
- 硝酸鈣 $Ca(NO_3)_2$ 含氮素

# 苦土（鎂）肥料（單肥）

## 苦土是作物生長必需要素

苦土（鎂）是6種必需元素之一，與鈣、硫並列稱為中量必需元素。苦土是構成葉綠素的一種成分，支持各種酶的作用，是作物生長不可欠缺的必需元素。

為此，最近有很多標有「含苦土」的化學合成肥料販售，如磷酸肥料（熔磷等）與石灰質肥料（苦土石灰）等亦可供應鎂元素。

於酸性的田間易出現缺鎂症狀（葉脈間黃化、褪綠），目前在逐漸鹼化的田間，也會因與鉀和碳酸鈣的拮抗（競爭）而常常出現缺鎂現象，因此使用單一苦土肥料的情形也在增加。

## 依不同土壤pH值所使用的苦土肥料

僅以苦土為主要成分的肥料中，主要使用的肥料為，水鎂（氫氧化鎂）與硫鎂（硫酸鎂）。這2種肥料，在使用時必須依土壤的pH值程度而有區別。

**【水鎂】**為自海水中提取鹽分後所剩的滷水，再與熟石灰作用後的物質。不溶於水，溶於弱酸時可保證含50%以上可溶性鎂。為一種緩效性的鹼性肥料，對強酸性土壤具有效果，但不適用於pH值高的土壤。「含鎂的高級化學合成肥料」的鎂原料，大部分都屬於緩效性的水鎂。

**【硫鎂】**蛇紋岩與水鎂以硫酸處理後的物質，通常保證含有20～25%的水溶性鎂。苦土肥料中唯一水溶性速效肥料，對鎂缺乏症的緊急對策可將葉面以液肥噴灑方式施用。適用於pH值為6以上的農田。

其他還有「腐植酸苦土肥料」。為將水鎂與蛇紋岩粉末和硝基腐植酸反應後的物質。雖然在提供鎂的同時能改良土壤，但鎂的含量在檸檬酸下只有3%或更低。

## 積極施用苦土（鎂）可促進磷酸效果

苦土具有與磷酸一起被吸收的特性，會與磷酸一起在植物體內移動。將苦土與磷酸一起施用，或在累積磷酸的農田施用苦土，可顯著提升磷酸的吸收。利用這種協同效應，透過積極施用苦土，可降低累積在土壤中的「磷酸儲金」，使作物吸收磷酸。當磷酸有良好作用效果時，石灰也能開始被吸收。若以提高耐病性、品質及產量為目的的施肥法，積極施用苦土已受到廣泛關注。

在積極施用苦土中，重要的是要掌握土壤胃袋（CEC）的大小，診斷飽和度（鹽基飽和度），並以平衡的方式利用苦土。

## 苦土肥料的使用方法

### 主要的苦土（Mg）肥料（單肥）

| 水鎂（氫氧化鎂肥料） | 硫鎂（硫酸鎂肥料） |
|---|---|
| $Mg(OH)_2$ | $MgSO_4$ |
| 不溶性苦土 | 水溶性苦土 |
| 50% 保證 | 11% 保證 |
| （鹼性）不適用高 pH 值的土壤 | （酸性）適用高 pH 值的土壤 |

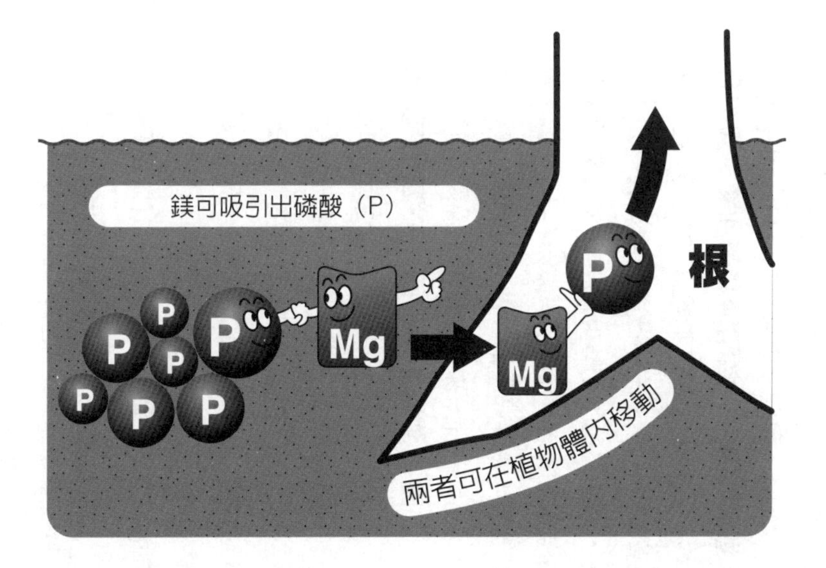

# 微量元素肥料

## 容易缺乏的硼與錳

作物所必需的微量元素，包含鐵、錳、硼、鋅、銅、鉬、氯、鎳（第62頁）。

其中最容易缺乏的是硼與錳。其餘的微量元素可由土壤的天然供應及時提供。因此，日本肥料管理法中之公定標準的普通肥料，包含硼素肥、錳素肥及含硼錳微量元素複合肥3種。

不管是硼或錳元素，目前造成微量元素缺乏的例子，常與土壤中的肥料濃度過高，及土壤pH值上升有關。如果檢測到土壤的pH值大於6時，首先要停止施用石灰等鹼性資材。

## 微量元素肥料的種類

### ●硼元素肥料——要注意過量引起的危害

硼元素與鈣一樣是作物生長組織在細胞增加時必需的物質。即使在土壤中含量豐富，然當pH值高於6以上，且土壤變乾燥時，就無法被作物吸收。此外，當氮素與鉀元素增加時，硼的吸收會減少。蘿蔔與蕪菁易出現缺乏症，心部會變成褐色。

**【硼酸鹽肥料（硼砂）】** 水溶液呈鹼性。依產品不同，溶解範圍不同，於檸檬酸的溶解度爲36~40%，水的溶解度爲5~32%。對蔬菜每1000m²的施用量約1kg，如果要全面施用時，可與乾燥土壤混合均勻，增加施用量並開始耕作。若要做葉面施用時，要確認水溶性成分的量，首先以溫水溶解並用水稀釋。葉面噴施液其內的硼含量應介於0.2~0.3%左右。

**【硼酸肥料】** 都是水溶性且有54%的含量保證。水溶液呈酸性。由於含量高，一不小心施肥量就會增加，馬上會出現過量的傷害。若爲葉面施用時，比硼砂便宜。

**【熔成硼素肥料】** 溶於檸檬酸時有15%的含量保證。由於效果是逐漸產生的，因此不易發生過量的傷害（溶於檸檬酸的苦土有10%含量保證）。

### ●錳質肥料——施用前先診斷pH值

錳在酸性下易溶解，超過pH值6.3時變得不易溶解。當石灰含量高時，錳的吸收會受到抑制。如果用硫酸銨、氯化銨等慢慢調降pH值，則錳缺乏症會消失。

**【硫酸錳】** 水溶性錳含量保證超過10%。水溶液呈酸性。由於屬於速效性，在緊急情況下，可以配成0.2~0.5%的液肥，以透過葉面吸收方式施用。

### ●熔成微量元素複合肥料——綜合礦物質劑

**【F、T、E】** 將錳礦石、硼砂、長石、蘇打粉、螢石、鐵礦石等混合，經高溫熔解、急速冷卻、粉碎所製成之玻璃質的肥料。除保證含錳與硼外，還包含矽酸、鐵、鋅、銅、鉬，因屬緩效性，故很少會有過量傷害的風險。是一種爲了預防缺乏症之綜合性微量元素肥料。

## 微量元素肥料的種類

### 硼元素肥料

**硼酸鹽肥料（硼砂）**
檸檬酸溶性 36～40%
水溶性 5～32%
（鹼性）

**硼酸肥料**
水溶性 54%
（酸性）

**熔成硼素肥料**
檸檬酸溶性 15%
（檸檬酸溶性鎂10%）

### 錳元素肥料

**硫酸錳**
水溶性 10%以上
（酸性）

### 熔成微量元素複合肥料

**F、T、E**

| | |
|---|---|
| 錳 | 19% |
| 硼素 | 9% |
| 矽酸 | 28% |

（酸性）

EC上升（鹽類濃度）
pH上升
→ 錳 硼素 缺乏

# 化學合成肥料（複合肥料）

## 高級化學合成與低級化學合成的差異

所謂化學合成肥料，是在氮（N）、磷（P）、鉀（K）中，含有其中2種或2種以上的「複合肥料」，而肥料是由多種原料經化學處理，將其造粒而成的物質。主要成分N、P、K的合計含量超過30%以上時，稱爲「高級化學合成」，低於30%時，稱爲「普通化學合成」（低級化學合成）。

由於高級化學合成肥料其中的成分含量較多，且單位面積施用量少，即使在大面積農地進行施肥作業時也能省力。反之，由於低級化學合成肥料，其中的成分含量少，在施用等量養分時，施肥量會變大，主要以旱作地區農田爲主廣泛使用。

## 原料的不同在效果方面也會改變

高級化學合成與低級化學合成的區別，不僅在於成分量的差異。也要注意氮素、磷酸、鉀等原料的不同。

對於低級化學合成肥料，氮素是來自硫酸銨，磷酸使用過磷酸鈣（過石），而副成分一定會含有硫酸與硫酸鈣（石膏＝硫與水溶性鈣的來源）。另在製造成分量超過40%的高級化學合成品時，很難使用很多副成分的原料。因此會使用不含副成分的磷酸銨（磷酸溶液用氨中和的複合肥料）與尿素等作爲原料。

這種差異，是屬效果方面的差異。農民對低級化學合成肥料的持久性表示，「低級化學合成肥料對促進農作物生長緩慢，感覺氮素不夠量，就像一般的生長情形一樣」。

所謂低級化學合成肥料，因含有生理酸性的硫酸等副成分，故到目前爲止的指導中曾表示，「含大量易導致土壤酸化之副成分的肥料要盡量少用」。近年來，常有土壤養分趨於過剩的問題，針對這種情況，指導方向亦發生了變化，即「當土壤的反應接近中性時，於鹽基飽和度過高的土壤中，要使用標示爲生理酸性的化學合成肥料或單一肥料」。

## 如何選擇高級化學合成肥料

爲節省施肥所需人力而選擇高級化學合成肥料時，最好選擇含有保留硫酸銨與過磷酸鈣及硫酸鉀等優點的單一肥料。像肥料名稱帶有「硫」字樣的，如「硫酸鉀磷酸銨」，當在磷酸銨中氮素不足時，可以用硫酸銨來補充。

作爲原料中的鉀肥料，並不是使用氯化鉀而是硫酸鉀的高級化學合成肥料，如「S○○○號」。最好搜尋標示有S的化學合成肥料。

此外還要注意所含3要素的平衡。在3種元素中磷酸多的稱爲山型，相反地，磷酸少的稱爲谷型，含量相同的稱爲水平型，需考慮作物的特性來選擇。

## 高級化學合成與普通化學合成

### 化學合成肥料（複合肥料）

**高級化成**（例）

N P K
16—16—16
（30%以上）

（原料）
N：磷酸銨、尿素
P：磷酸銨
K：氯化鉀

**普通（低級）化成**（例）

N P K
8—8—8
（30%未滿）

（原料）
N：硫酸銨
P：過磷酸鈣
K：氯化鉀

**硫酸**鉀磷酸銨…………所標示的「硫」為使用「硫酸銨」
○○化成S○○○號……所標示的「S」為使用「硫酸鉀」

**成分均衡的類型**

| 水平型 | 山型 | 谷型 |
|---|---|---|
| N—P—K | N／P＼K | N＼P／K |
| 10—10—10 | 6—8—4 | 16—4—16 |
| 15—15—15 | 10—20—10 | 20—0—13（NK 化成） |
| 基肥用（全部作物） | 基肥用（蔬果類、根菜類、花卉） | 追肥用（葉菜類） |

# 混合肥料（複合肥料）

## 「單肥配方」推薦用於鹼性田

所謂的混合肥料，被歸類為複合肥料，含有肥料要素中的2種成分以上，而肥料原料是透過機械混合而成的產品。與經過化學處理的化學肥料不同，只是將單一肥料混合而成的產品。因為價格便宜，其中所含成分量比化學合成肥料少。

而混合的肥料原料，如果是已經被登記為普通肥料之產品時，將作為「指定混合肥料」，此時只需申報並生產、販售。但是，若有害成分含量可能很高的普通肥料（如汙水汙泥肥料等），不可以作為原料來使用。

舊式的「單肥配方」，為粉末狀的產品，並與硫酸銨、過磷酸鈣、硫酸鉀等混合。具有速效性，可作為基肥、追肥來販售使用。而屬生理酸性肥料產品，是特別推薦用於已鹼化農田使用的肥料。

## 粒狀單肥配製的「BB肥料」

粉狀單肥所製備成的產品吸溼性強，容易變硬，但顆粒狀BB肥料幾乎沒有這種缺點，因屬於容易處理的肥料，故使用上急速增加。所謂的BB是「Bulk（粒狀）Blending（混合）」的縮寫，又稱粒狀混合肥料。幾乎在日本各縣都有混合肥料廠，由單一肥料製造商提供粒狀原料，再經個別混合後製成專用肥料。例如，石川縣水稻種植專用肥料「BB石川春之香（8—13—10）」是由有機肥料與無機肥料所配製而成的水稻用基肥。內含約50％的有機態氮，亦為一種減化學肥料的產品。另外還有一種與緩效性氮素混合，對抽穗時期具有肥效的一次性基肥。

如果徒手製備單肥配方，成本會更便宜。在北海道空知地區的3位牛蒡栽培農戶自購小型肥料攪拌機，將尿素、磷銨、氯化鉀等單肥混合，降低了近50％的肥料成本。在春天時，這3位農戶只進行2天時間製備肥料，即可確保1年分所需的混合肥料，而產量與使用市售的化學肥料相當。

## 肥料的配製有禁忌

購買複合肥料時，要確認其中的原料。氮素是屬於硫酸銨、尿素或是磷酸銨，另有機肥料的油渣種類，其肥效特性會改變。

依前述所指「指定混合肥料」的條件，使用混合肥料也有禁忌。不要將鹼性肥料（如鈣質肥料等）與其他肥料混合，可能會發生化學反應的風險。雖可將鈣質肥料與鹼性苦土肥料混合使用，但與保證為水溶性苦土（硫酸鎂）的肥料混合就不好了，易存在成為不溶解的風險。就算會發生錯誤，也要注意不要將硫酸銨等與苦土石灰、草木灰等混合。

## 混合肥料的種類與特徵

### 混合肥料（複合肥料）

| 單肥混合（粉狀） | BB肥料（粒狀） | 添加有機質混合肥料 |
| --- | --- | --- |
| N P K 7－7－7 | N P K 14－10－10 | N P K 8－8－8 |
| （速效性）基肥、追肥用 | （速效性）基肥、追肥用 | （速效性＋緩效性）基肥用 |
| 將硫酸銨、過磷酸鈣、硫酸鉀等混合 | 以磷酸銨、氯化鉀為主體之粒狀單肥混合 | 將油渣、骨粉等單肥混合 |

**舊式的化學合成肥料**

NPK NPK NPK NPK NPK NPK

1粒肥料即含全部成分

**BB肥料**

N P K N P K

1粒肥料含1種要素

**（禁忌）不可一起混合的肥料**

鈣質肥料 ✕ 其他的肥料

（鹼性肥料）（硫酸銨、氯化鉀等）

鈣質肥料 ✕ 水溶性鎂

# 肥效調節型肥料

## 緩慢釋放效果性生態肥料

所謂的肥效調節型肥料，是為了讓肥效能長時間持續，以各種方式調節肥料成分釋放的化學肥料。透過防止肥料成分發生不必要浪費的流出，具有肥料減量與降低追肥施用次數的可能。即使施用全量基肥，也能於施肥初期表現出抑制肥效的情形，故能避免發生濃度障礙。在肥效調節型肥料中，主要分成2種，分別為以化學合成的「緩效性氮素肥料」，以及肥料被薄膜覆蓋的「覆膜肥料」。

## 緩效性氮素——肥效可因水分、土溫而有差異

所謂的緩效性氮素肥料，含有類似魚粕與油粕等特性的物質，是與天然有機質肥料相似，具氮素肥效所開發而成的產品。在代表的產品中，有尿素不易溶於水中形態的IB與CDU，在主要化學合成肥料中的原料都使用緩效性氮素。

**【IB氮素】** 於水中慢慢溶解，緩慢被農作物吸收。當在水中溶解時，尿素會分離並轉變成碳酸銨，再變成硝酸被農作物吸收。其分解速度與魚粕類似，可代替有機質肥料使用。由於IB氮素加水分解後會釋出氮素，因此施肥效果會因土壤所含水分狀態而有差異。含水量高時分解快，導致肥效也比較快，而在乾燥處不易分解。此外，顆粒大小決定了肥效的長短，顆粒越大，緩效性越高。在含有IB的化學合成肥料中，可依混有IB氮素的比例與顆粒大小判斷其緩效速度。

**【CDU氮素】** 其效果與土壤中的微生物有關。因此，土壤溫度高低決定了氮素肥料的肥效長短，當土壤溫度降至13℃以下時，幾乎沒有肥效。此外，長期使用時會增加CDU降解細菌的數量，並降低緩效作用。含CDU的化學合成肥料，是在初期就有效果的硫酸銨與磷酸銨中，加入具緩效性的CDU氮素，是一種用於生長週期長之蔬菜專用肥料中的基肥。

## 覆膜肥料——氮素成分的溶解有3型

所謂覆膜肥料，是透過用硫或合成樹脂等薄膜所覆蓋之水溶性尿素與高級化學合成物，以物理的方式調節肥料成分的溶出量與溶出時間所造粒而成的產品。雖以LP覆蓋之合成樹脂的覆膜產品比較多，但使用硫等可被生物分解之覆膜所生產的覆膜肥料（下頁）也有販售。

依對肥效調節型肥料之氮素成分的溶出模式進行分類時，可分為拋物線型、線性（直線）型、較晚開始溶出的曲線（S字母）型。基於這些劑型的模式與溶出時間，選擇適合作物養分吸收特性的肥料是重要的（番茄、胡瓜等，需要施用具長期能收穫穩定肥效的拋物與線性型肥料，而像甜瓜、西瓜等往上爬升的營養吸收類型要施用曲線型肥料）。

# 肥效調節型肥料的種類與特徵

## 肥效調節型肥料

緩效性氮素肥料

**IB化學合成**

N P K
10－10－10

含尿素之IB化學合成S1號

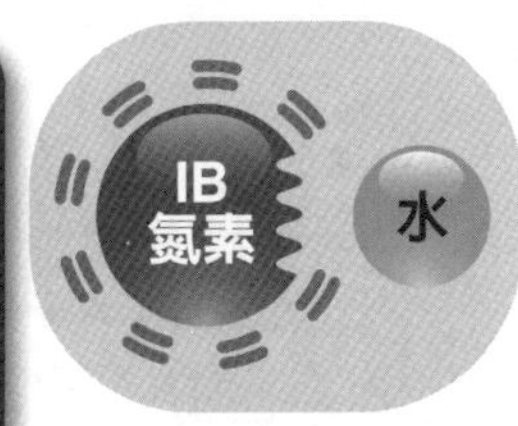


水慢慢溶解長效性

**加水分解後才有效**

註：土壤乾燥時不易分解

**CDU化學合成**

N P K
16－8－12

CDU複合磷鉀銨

微生物

**有微生物活動時才有效**

註：土溫 13°C以下時
幾乎無肥效

**覆膜肥料**

LP覆蓋型
M覆蓋型
硫覆蓋型
等

以硫作為覆膜肥料的結構
溶出模式
（線性型）

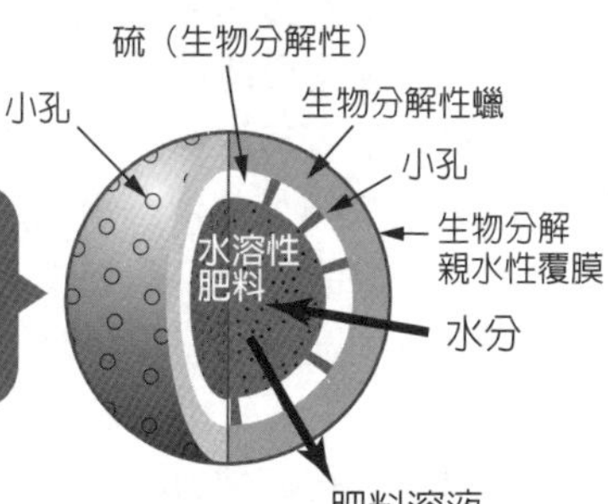


## 覆膜肥料之氮素成分的溶出模式

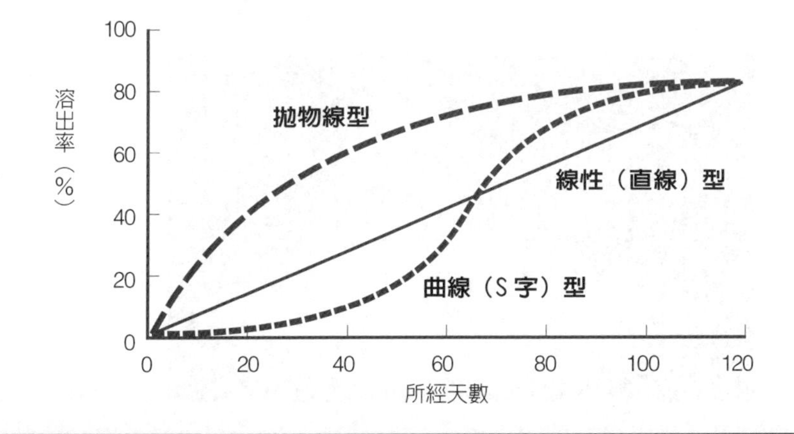

# 利用尿素減少農藥

## 尿素是優良的肥料

在尿素中，含氮素量可能超過40%以上，是氮肥中含有率最高的。施用時，可迅速溶解在水中，並快速轉化成氨與硝酸而具速效性，被認爲是適合作爲追肥使用的肥料。作爲肥料使用時，主要以田間撒布方式，或溶於水以葉面噴灑方式爲主要施用方法。而20公斤約2,000日圓的合理價格是被廣泛使用的原因。

此外，混合有尿素的護手乳與化妝水也很受歡迎，用途不限於農業。

## 農藥＋尿素的效果

由於尿素具有活化農作物的效果，因此生長勢旺盛的農作物，自然對病蟲害具有較強的抵抗力。此外，具有促進磷酸與鉀元素滲透的作用。當與農藥混合使用，可軟化植物的表皮，協助農藥成分滲透到植物體內的特性，具有施用少量農藥卻能達到藥效的效果。

在美國，通常會將尿素與除草劑混合使用。就算是很難防除的雜草，除草劑也可以很容易滲透，進而達到效果。近年來因農藥成本的上升，在日本不僅是除草劑，各種農藥和尿素混合使用的情形正在蔓延。由於尿素具有類似展著劑的作用，與農藥混合後會變得黏稠，很容易會覆蓋在作物表面。因此，即施用比農藥推薦稀釋倍數還高時，添加尿素也會增加藥效。

也有需要注意的地方。由於尿素具有吸熱作用，即使尿素與用水稀釋後的農藥混合，也不應立即施用於作物。因爲當水溫急劇下降時，就會造成農作物的負擔。此外，不要過度使用也很重要。

尿素肥料

第7章

# 有機質肥料的種類與特徵

所謂有機質肥料，是由來自動物或植物之原料所製成的肥料。其特徵是可被土壤中的微生物分解，養分可以慢慢被釋放出來。
包括魚粉、骨粉、菜籽粕等，其中所含的成分與效果很多樣。因此，正確地了解它們的特性是很重要的。

# 植物性油粕類與其他

## 氮素肥料的主角為「植物性油粕」

植物性油粕類中被利用最多的種類是菜籽粕，其中大部分是從中國與印度進口的產品。雖然大豆粕（豆粕）也大量被進口，但大都被利用作爲家畜的飼料，偶爾也會與其他植物性油粕在類似的用途上有競爭。

【菜籽粕】主要成分爲氮素（5～6％）。也含有一些磷酸與鉀。作爲具有長效性肥效的緩效性肥料，可改良土壤的物理性，增加土壤微生物的數量。

【大豆粕】氮素也是主要成分（7％）。大豆粕的分解速度是最快的，菜籽粕分解速度較慢。大豆粕在肥效性方面的速度，是有機質肥料中最快的。

但是，由於植物性油粕在被分解過程中會產生有機酸，因此，施用在農田後馬上播種的話會發生發芽障礙。若油粕作爲基肥使用時，必須在種植的2週前混合到土壤中。爲避免發生生長障礙，在這裡想推薦使用的產品是發酵後的油粕（波卡西肥料）。如果有發酵處理過，在施肥後1週即可種植，也可作爲追肥使用。此外，將油粕放在水中發酵，可製成追肥用的液體肥料（下頁）。

## 具代表性的有機質鉀肥料「草木灰」

油粕類的主要成分是氮素，鉀元素與磷酸含量較少。因此，作爲有機質肥料使用時，希望可將草木灰一起施用。草木灰是自古以來就被使用之代表性的有機鉀肥，也含有磷酸與石灰。作爲肥料成分的灰分會因植物不同而有差異，樹木灰含有約7～8％的鉀、3～4％的磷酸及約11％的石灰。自己也可以將果樹的修剪枝、果樹落葉及稻草等燃燒製成，亦有市面販售的產品。

因草木灰具較強的鹼性，要注意使用過量會導致土壤鹼化。與鹼性肥料混用時也必須要注意，同樣地，要知道不可將草木灰與硫酸銨及過磷酸鈣混合施用（第153頁）。

## 米糠是緩效性的磷酸肥料

米糠可在米店或碾米廠很便宜地買到。從其所含成分來看，是屬於含大量磷酸的有機肥料。然而，由於脂肪含量高，導致不親水性而分解緩慢。從下頁的圖來看，米糠的分解（無機化）是最慢的，屬於緩效性的磷酸肥料。

雖然米糠也可作爲基肥使用，但米糠中所含的糖分與蛋白質也是很多微生物喜愛的食物，因此在製作堆肥之堆積混拌過程容易提早腐熟，會發生惡臭。

在這裡推薦先以糙米進行堆製，再與大量的米糠充分混合，在調整水分後，以藍色塑膠布覆蓋製成「富含磷酸的糙米堆肥」（第106頁）。

# 油粕肥料的各種種類

## 植物性有機質肥料的成分量

（%）

| | N | P | K | Ca |
|---|---|---|---|---|
| 菜籽粕 | 5～6 | 2 | 1 | |
| 大豆粕 | 7 | 1 | 2 | |
| 草木灰 | | 3～4 | 7～8 | 11 |
| 米糠 | 2 | 4～6 | 1.5 | |

## 植物油粕類的肥效（無機化）特性

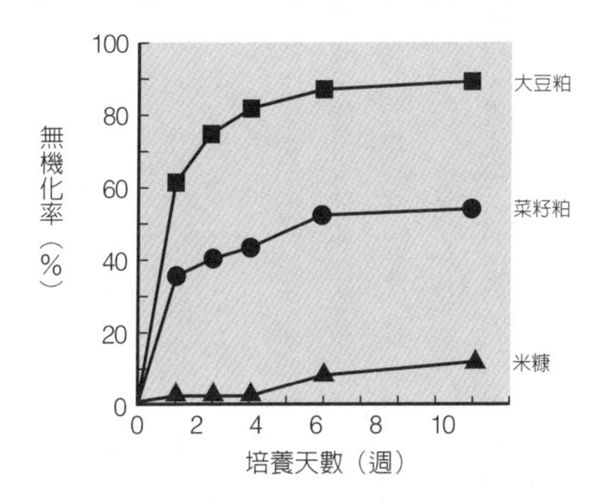


（資料：清和肥料工業（株）網頁「有機質肥料講座」）

## 油粕液肥（追肥用）

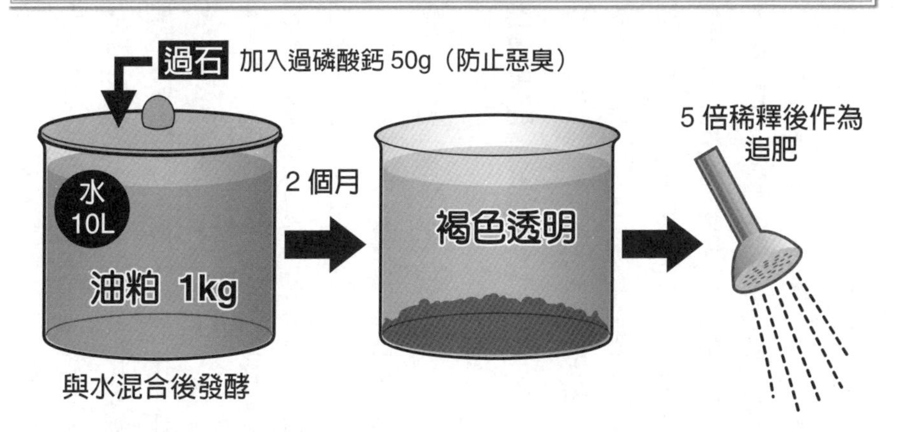

# 魚粉、蒸製骨粉與其他

## 具有強烈味道的動物質肥料「魚粉」

魚粉爲動物性有機肥料的代表。爲將生鮮魚（如沙丁魚與鯡魚等）在水中煮沸，壓榨去油後乾燥的物質。雖然有大量的魚粉從秘魯與智利進口，但通常作爲家畜飼料使用且價格也很高。

一般的魚粉，氮素含7～10%，磷酸含4～9%，及含少量的鉀。氮素來源主要是蛋白質，可被微生物分解而慢慢轉變成氨。可變爲胺基酸而被吸收，磷酸也容易發揮作用，對作爲可使作物風味變好的肥料，有很多農民用在栽培果菜類與果樹。

分解速度並不會隨土壤溫度高低而改變，屬於較快速效性的肥料，可同時作爲基肥、追肥來使用。即使在寒冷地區或砂質土壤、重黏土的農田，其肥效也很高，是一種分解後就可被吸收且養分損失很少的肥料。但是，如果一次施用量過多時，氨會累積在土壤中，可能會有降低作物品質的情形。

## 富含磷酸的緩效性肥料「蒸製骨粉」

一般來說，被販售的骨粉，是將牛與豬等動物的骨頭粉碎後以加壓高溫蒸製，並將脂肪與大部分凝膠狀物質剔除後所製成的「蒸製骨粉」。

骨粉的成分，含氮素4～5%、磷酸18～22%。肥效具緩效性與長殘效性，是基肥用的優良磷酸肥料。但會因根與微生物所分泌之有機酸溶解而被吸收，故在中性或鹼性土壤中可能會出現肥效降低的情形。

如果希望能早點出現效果，請選擇顆粒比較細的產品。此外，爲了補充初期的吸收，最好添加含速效性磷酸之魚粉與草木灰，或是過磷酸鈣。

自BSE（狂牛症）爆發以來，日本禁止從國外進口骨粉類物質，雖然有國產豬骨粉與雞骨粉上市，但磷酸含量較低。雖也有國產牛骨粉，但由於死牛不能使用，且有去脊椎骨等規定，故在市場上流通量很少，價格也高。作爲畜肉生產的副產品，其利用價值現在仍然很高。

## 也具有減輕病害效果的「蟹殼」

除提供營養外，「蟹殼」還有因具減輕病害的效果而受到歡迎。將蝦蟹殼粉碎後的物質，按普通肥料之公定標準被歸類爲甲殼類質粉末。如果原料是已知而非粉末狀產品時，只需以特殊肥料方式提出申請後，即可製造販售。

在蟹殼中，氮素與磷酸各含約4%，與米糠一樣具緩效性肥效。其特徵爲，含有主成分甲殼素（幾丁質）。在連續施用時會增加土壤中分解幾丁質細菌（放線菌）的數量，因具有分解絲狀眞菌（黴菌）之細胞壁中幾丁質的特性，可預防/減輕由鐮孢菌所引之病害等眞菌性病害的效果。

## 動物類有機質肥料的各種種類

### 動物類有機質肥料（單肥）

**魚粉**

N7～10%

P4～9%

有點速效性

基肥用

●**提升蔬果、果樹的風味**

**蒸製骨粉**

N4～5%

P18～22%

緩效性

基肥用

●**長效性磷酸肥料**

**蟹殼**

N4%

P4%

緩效性

基肥用

●**具有病害減輕效果**

（抑制鐮孢菌引起之病害）

＊在任何情形下，如果原料是已知的產品，而非粉末狀時，可以只以「特殊肥料」向知事（縣長）提出申請並生產、販售（無法保證成分）。

# 家畜糞便類

## 需強制標示成分

雞糞、豬糞、牛糞等禽畜糞便，在肥料管理法中被指定爲「特殊肥料」。「特殊」並非意味特別含義，只是爲了與普通肥料做區分的法律術語。特殊肥料的種類爲「動物的排泄物」或「堆肥」，向本地的都道府縣知事提出申請後即被認可可進行生產、販售。

市售的「家畜糞便」與「堆肥」，由於存在品質差異大的問題，自2005年（平成17年）開始，不僅要標示肥料的種類，亦被強制要標示品質好壞。下頁將以「發酵雞糞」爲例介紹其品質的標示。

在肥料種類中的「堆肥」，原料爲「雞糞」，對此作爲「主要的成分含有量等」，氮、磷、鉀等的含量（%）需要被標示。該成分含量，因由生產者自行檢測，並非表示「保證成分量」。由於所含成分量會因生產季節而變動，故嚴格來說，「指南」上所標示的數字僅供參考，請務必注意（大量批發時，請與經銷商所提供的成分報告進行確認）。

## 「家畜糞便堆肥」的特徵

作爲特殊肥料以裝袋方式被販售的家畜糞便，在很多產品名稱前都有標示「發酵」一詞，例如「發酵牛糞」等。以雞糞來說，常按原狀態發酵，但水分含量高的牛糞與豬糞，會加入鋸木屑調節水分、促進發酵後作爲堆肥並進行熟成，因此肥料成分量會相對減少。

按畜禽糞便堆肥種類看肥料成分，有以下特點：

**【牛糞堆肥】**鉀含量略高。肥效比較慢。

**【豬糞堆肥】**磷酸比牛糞含量多。肥效比較快。

**【雞糞堆肥】**磷酸、鈣含量多。肥效快。

比較3種堆肥，成分量較少的牛糞堆肥與豬糞堆肥，主要是補給有機物的土壤改良性肥料，而雞糞堆肥本身就屬於有機質肥料。

## 推薦的有機質肥料「發酵雞糞」

以有機質肥料來說，最推薦使用的是「發酵雞糞」。有比較不會產生氣味且施用方便的顆粒狀產品，與普通化學合成肥料一樣是磷酸含量高的速效性肥料，且價格便宜。雖然，產品被認爲是發酵過的，但也要意識到其中可能仍含有未完熟的雞糞。

以雞糞爲主進行有機栽培的農民，不會將雞糞混合到所有土層中。只在植株間、溝間、通道的表面進行點狀施用，並遠離種子與根系。由於在前期輪作作物施用後仍殘留肥效，因此可栽種各種美味的蔬菜（下頁）。

## 家畜糞便的利用

### 品質標示的例子（發酵雞糞）

**依肥料管理法標示**

| | |
|---|---|
| 肥料的名稱 | 發酵雞糞 |
| 肥料名稱的種類 | 堆肥 |
| 申請之都道府縣 | 茨城縣（第●●號） |
| 表示者的姓名及所在地 | |
| ●●●●●●●株氏會社 | |
| 茨城縣小美玉市 | |
| 淨重量 | 15公斤 |
| 製造年分 | 如包裝袋上部分所示 |
| （原料） | 雞糞 |
| 主要成分的含有量等 | |
| 氮素總量 | 3.1% |
| 磷磷總量 | 3.7% |
| 鉀總量 | 3.2% |
| 鈣總量 | 14.6% |
| 碳氮素比 | 5.7 |

發酵雞糞很少有氣味，且與普通化學肥料有一樣的肥效

### 成分的比較（特殊肥料的平均成分：依日本農林水產省調查資料）

鉀比較多

**豬糞**
N・P・K
1.8-1.7-0.7
（%）

磷酸比較多

**雞糞**（乾燥）
N・P・K
3-5-2.4
（%）

成分的均衡很好

### 乾燥、發酵雞糞的使用方法（以追肥方式為例）

施用於植株間

茄子、番茄等蔬果類與豆類、馬鈴薯

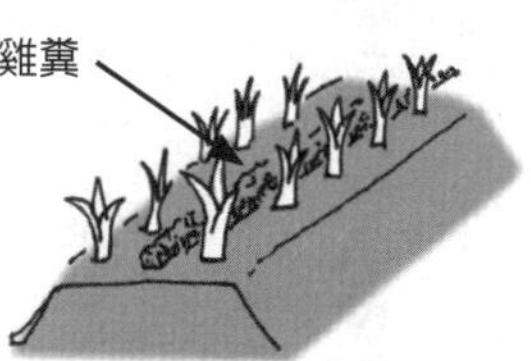


施用於溝間

牛蒡、胡蘿蔔、胡麻青蔥、韭菜等

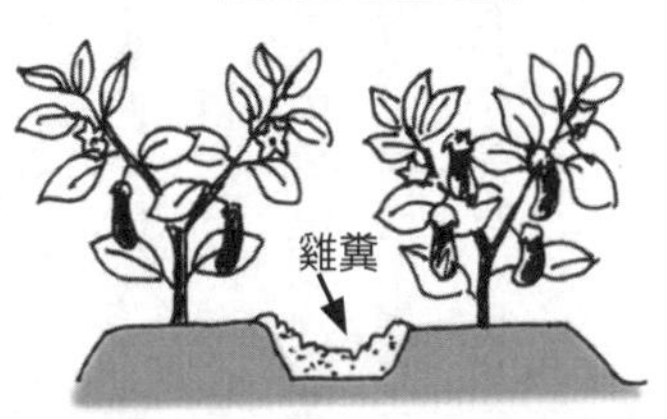


施用於通道

如果根向很遠的地方延伸時，向走道方向施用，若根已經延伸到通道時仍想施用的話，請施用到溝邊上，像這樣一邊觀察蔬菜的生長，一邊進行調整

# 各種市售堆肥

## 「土製型堆肥」還是「營養堆肥」

市售的堆肥（包含自製堆肥），大致可分成肥料成分少的「土製型堆肥」（木質堆肥）與肥料成分多的「有機質肥料型堆肥」（營養堆肥）（下頁）。

在肥料成分比較多的堆肥中，除豬糞堆肥與雞糞堆肥外，還有下水道汙泥等製成的汙泥堆肥等，是屬於高效性有機質肥料。

另肥料成分少的堆肥有Bark（樹皮）堆肥、牛糞堆肥等。其他還有家庭菜園與盆缽栽培常使用的「腐葉土」，被歸類於「落葉堆肥」，是土製型堆肥的一種。屬於這種類型的堆肥，除可活化土壤的有益微生物外，對保水性與通氣性等物理性改良效果很好。

這2種類型堆肥，分解速度（肥料效應）也不同。

## 品質表示——C/N比受到注目

如第94頁所介紹的，於市售堆肥中，依日本肥料管理法需具有標示品質的義務，在其標示項目中有「碳氮素比」，也稱爲C/N比，是表示有機物質成分中碳素（C：主要是纖維質）或氮素（N：主要是蛋白質）含量的多寡，是這2種成分的指標。

作爲堆肥原料之資材，其C/N比超過30（氮素少）的有木屑、樹皮、稻稈、麥稈等。如果將這些原料直接施用於農田時，會因要將其分解而使用土壤中的氮素，使作物產生缺氮現象，進而發生生長障礙。相反地，像雞糞與油粕等含氮素多（C/N比值低）的有機物質，若過度使用時會因氮素過量而導致生長障礙。

製作堆肥需調整C/N比值，目的是防止出現氮素缺乏的現象。可以安全使用的優質堆肥，其C/N比值介於10～20範圍內。低於10的堆肥（雞糞堆肥等）會很快地分解，所以必須注意不要過度施用。

## 「Bark（樹皮）堆肥」需注意要點

目前作爲「土製型堆肥」使用的「Bark（樹皮）堆肥」很多，是將來自造紙工廠與製材工廠之廢棄樹皮粉碎後，加入發酵菌與家畜糞便、尿素等，讓其發酵腐熟而成的製品。於露天堆放或堆積的時間越長，樹皮會因反覆發酵的次數越多，腐熟程度就會越好，單寧與酚類化合物等有害物質也會減少。但是，因爲市售產品有很多是未完全腐熟的產品，購買時要特別注意。此外，不推薦使用針葉樹的樹皮（選擇要點如下頁）。

## 堆肥選擇方法的重點

### 堆肥的 2 種類型

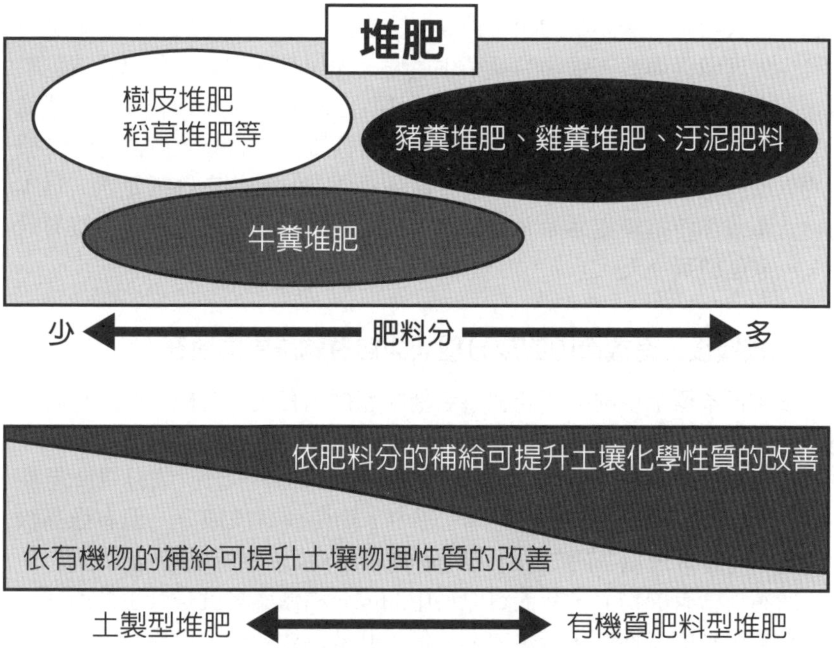

**堆肥**

樹皮堆肥
稻草堆肥等

豬糞堆肥、雞糞堆肥、汙泥肥料

牛糞堆肥

少 ← 肥料分 → 多

依肥料分的補給可提升土壤化學性質的改善

依有機物的補給可提升土壤物理性質的改善

土製型堆肥 ↔ 有機質肥料型堆肥

（資料：中央農業研究中心　依木村進行部分修改　原圖　安西）

### 樹皮堆肥的檢查重點

- ☐ 原料來源是否屬於闊葉樹？
- ☐ 露天堆置的時間是否超過3年？
- ☐ 發酵時間是否超過5個月？
- ☐ 是否為好氧性發酵（比黑色更接近紅褐色）？
- ☐ 鹽分會不會過高？
（海水中儲藏以外之資材，使用豬糞）

## 如何選擇有機化學品

在39年前〔（1975年）昭和50年〕，有吉佐和子的「複合汙染」引起轟動，使大眾對有機農業的關心提高了，在因連續使用高級化學合成肥料而發生生理障礙與病害增加的蔬菜生產地，添加有機物質之化學合成肥料販售得非常好。在當添加有機物質的化學合成肥料中，含有1%有機態氮素的產品很少，但很多產品都標示有添加有機質，有的甚至只含有0.2%程度的有機態氮素。其原因在於，儘管產品只含有0.2%的有機態氮素，日本農林水產省卻將這類產品命名爲「含有機」所導致。這種標示規則沒有改變，一直延續到今天。

### 加入有機質後，有機質內的成分種類與含量就是生命所在

根據日本標示規則，「若肥料名稱中想標示有使用有機質的原料時，無論是使用什麼樣的原料，都必加上『含有機物』的字樣」。

如果菜籽粕等成分含量少的有機質原料增加時，肥料成分量降低到8－8－5，就像低級化學合成肥料一樣少。即使含有機成分，但有像高級化學肥料一樣成分量多的肥料，其中有機質原料低於20%的產品比較多。

所謂「含有機物」，有機質原料中的成分種類與量就是其生命所在。在有機質肥料的特性中，若是要期待氮素肥效爲緩效性，有機態氮素的量就會變成重要指標。但是，袋子上的保證標示內並無標示有機態氮素的成分（可從最初經銷商的產品說明中確認製品成分表）。如果想讓有機肥產生肥效時，比起無法看到內含材料之含有機質的高價化學合成品，更推薦可以看得見內含有機質的BB（粒狀混合）肥料。

第8章

# 整地與施肥的巧思

作爲肥料使用的植物在種植後混入田裡，有各式各樣組合與操作的方式進行，如很多農民使用被發酵後的油粕與米糠等。重要的是，可以使用就近的資材，並根據農作物與農田設計適合自己的操作模式。

此外，有依雜草的種類判斷土壤中養分狀態等方法。

# 土壤改良資材的活用

## 土壤改良的必要理由

田間的土壤有很多種，有些具有阻礙作物生產力的因子。此外，依農地所栽培作物種類，必要的土壤條件也會發生變化。爲了提高生產力，有必要透過土壤診斷分析阻礙生產力的因素，並進行適合作物生長的改善措施。此操作流程被稱爲土壤改良。

日本農地生產力的主要阻礙因素，可大致分成2種。一種是與土壤物理性質有關的因素，另一種是與土壤化學性質有關。土壤改良的方法，包括除基盤準備與添加客土之土木工程方法外，還利用耕作的方法，將表土與下層土以翻耕方式進行上下翻轉，思考以深耕方式改良土壤。

另一方面，想要改變土壤的性質，可以使用具有提高土壤改良效果的土壤改良資材。

## 有很多種類的土壤改良資材

所謂土壤改良資材，大致分爲有機物質系列資材與無機物質系列資材。在一般被稱爲土壤改良資材的材料中，有依日本肥料管理法規定的肥料、土壤肥力促進法所規定的12種政府法令指定的土壤改良資材，及其他微生物資材等，種類繁多。被政令指定的12種土壤改良資材，有義務要標示原料與用途、施用方法等訊息。

## 活用符合用途的資材

有機物質系列資材的種類與用途很多樣。

對土壤的保水性、保肥力改善，可使用木炭作爲原料所製成的產品。對養分補給，可使用家畜堆肥與樹皮堆肥；對改良土壤化學性質與補給養分，可使用貝類與蟹殼粉；而對具有改善微生物相並促進有機物質發酵，可使用微生物資材。

另一方面之無機物質系列資材的種類繁多。

若是以調整土壤的pH值與改良土壤化學性質爲目的，可施用含石灰、磷酸、矽酸等的肥料及礦渣等。此外，若是以土壤保水性與保肥力等改善土壤物理性質與物理化學性質爲目的時，可使用膨潤土、沸石、蛭石等礦質土壤改良資材。爲促進土壤團粒化，可施用合成高分子系列土壤改良資材。

如今市場上有許多方便的土壤改良資材，手工製資材再次受到關注。使用身邊就有的米糠與稻殼等熟悉的材料所製成的土壤改良資材，正廣泛被利用。

# 肥料與土壤改良資材的關係

## 植物性有機質肥料的成分量

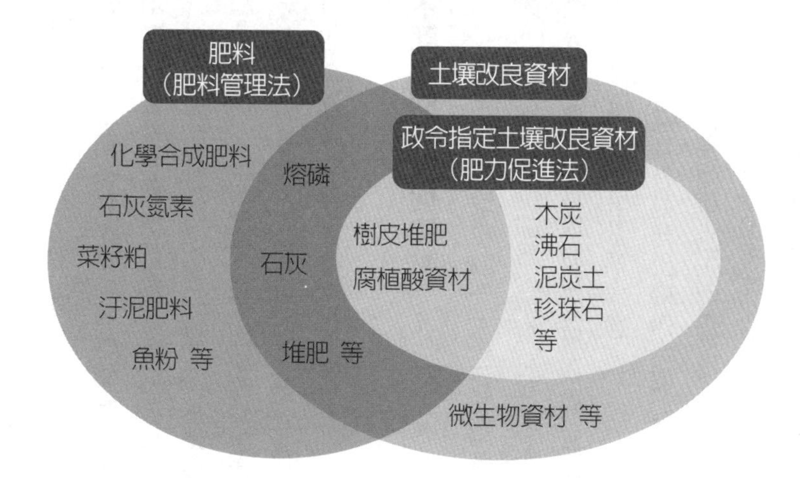


（資料：神奈川縣「作物別施肥基準（平成24年度版）」）

## 日本政令指定土壤改良資材的種類與用途

| 土壤改良資材的種類 | 用途（主要的效果） |
|---|---|
| 泥炭（peat） | |
| 有機物中的腐植酸含有率未達70% | 土壤的膨軟化，改善土壤的保水性 |
| 有機物中的腐植酸含有率超過70% | 改善土壤的保肥力 |
| 樹皮堆肥 | 土壤的膨軟化 |
| 腐植酸資材 | 改善土壤的保肥力 |
| 木炭 | 改善土壤的透水性 |
| 珪藻土燒成粒 | 改善土壤的透水性 |
| 沸石 | 改善土壤的保肥力 |
| 蛭石 | 改善土壤的透水性 |
| 珍珠石 | 改善土壤的保水性 |
| 膨潤土 | 防止水稻田漏水 |
| VA菌根菌資材 | 改善土壤的磷酸供給能力 |
| 聚乙烯亞胺系資材 | 促進土壤的團粒形成 |
| 聚乙烯醇系資材 | 促進土壤的團粒形成 |

（資料：神奈川縣「作物別施肥基準（平成24年度版）」）

# 被稱爲「免耕」式的整地

## 免耕農業

在一般的田地裡，於播種、種植或定植前，都要將土壤進行翻耕整地。另一方面，將翻耕、碎土、整地、中耕、種植水稻等耕作事項省略的栽培法，稱爲「免耕栽培」。這種免耕栽培在整地方面備受注目。

所謂的免耕栽培，是一種防止土壤侵蝕的耕作方法，起源於美國。雖然免耕栽培的缺點是附帶要使用除草劑來防除繁茂的雜草，但免耕栽培也變得普及起來。目前，在南北美都在廣泛進行這種耕作方式。

## 不翻耕的優點與缺點

除可防止土壤侵蝕外，免耕栽培還有許多優點。首先，因不需要進行翻耕，所以可以節省勞動力。在日本，隨著每戶農民之耕地面積的擴大，農事作業省力化變得必要，因此免耕栽培引起了注意。

其他還具有提升土壤保水能力、不進行耕盤（可透過使用機械等翻耕土中的堅硬層）等特性。此外，由於免耕栽培，蚯蚓與微生物會在前期作物的孔穴中繁殖，使土壤從表層逐漸變成團粒化。透過翻耕迅速分解的有機物，即使多年不進行翻耕也會在土壤中殘存，有助於土壤團粒化。由於不使用農耕機械，可以減少消耗石油能源，因此也可以說是一種環境友好的栽培方法。

缺點是雜草容易生長，除草劑使用的經費高，且可能會造成環境汙染。此外，在寒冷地區會因土溫上升不足而發芽緩慢，病蟲害發生易增多，且作土層會硬化，故於排水不良地區必須要備有對應的排水措施。

## 透過免耕栽培方式製作出可讓作物容易生長的環境

在美國，大豆的栽培約有一半是利用免耕栽培方法。雖然沒有像美國那麼普遍，但以日本的氣候條件來說，實施免耕栽培正逐漸引起人們的注意。

例如，有塊以免耕草生栽培的大豆田。在這塊田中，從第3年開始，碳元素會累積在表層，接著土壤會團粒化，且土壤動物的數量會增加。甚至有報告指出線蟲的危害會減少，而綠肥（第104頁）多樣，使土壤變得更蓬鬆。

在堅硬黏土質土壤的蘆筍田中，改用免耕栽培後，增加了非常低的氣相比。結果，改善三相分布（第10頁）到理想狀態的平衡。透過免耕栽培用心製備作物生長容易的狀態，於各地正在被實踐中。

# 免耕栽培的效果

## 免耕栽培的優點

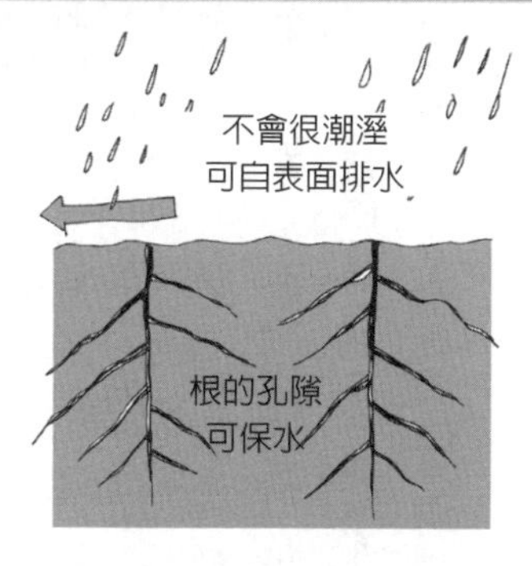


- 因為有良好的排水性，即使降雨也馬上會乾
- 透過根孔隙，可適度將水吸收到土壤較深的地方

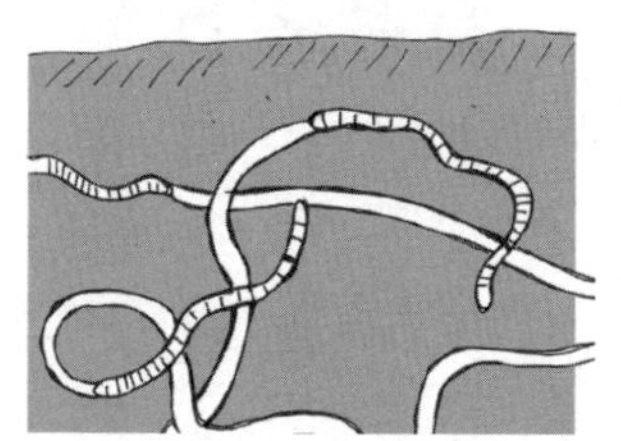

- 透過蚯蚓，土壤被翻耕，變成根系容易生長的土壤
- 因有蚯蚓糞，土壤變得肥沃

## 不同耕作方法對線蟲密度與陸稻產量之影響

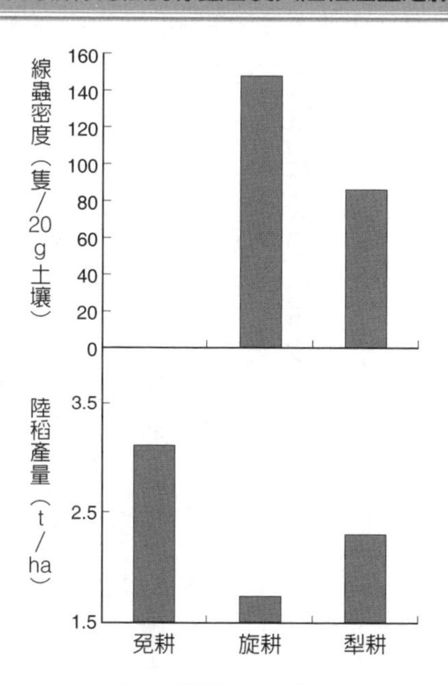


註：各種耕作方法連續4年

▲20年間以免耕操作之施設栽培的茄子。無外來種子，且因土壤未翻動，雜草幾乎不生長

（資料：「月刊 現代農業」2013年3月號、農文協）

# 利用綠肥栽培製備土壤

## 可作為肥料的植物

所謂的綠肥，是爲了提供農作物養分而栽培在農地的植物，無需收穫就直接混入土壤中。翻入後，可在土壤中腐熟，並成爲肥料。

常作爲綠肥之植物，除黃芪屬植物、三葉草、豬屎豆屬植物、長柔毛野豌豆等豆科植物外，還有油菜花、高粱、燕麥、黑麥、向日葵等亦常被作爲綠肥用。

在硫酸銨與尿素等廉價化學合成肥料流通之前，作爲氮素肥料的產品很貴重，因此像人糞尿與廢棄小魚一樣的綠肥常被使用。直到1940年前後，黃芪屬植物與大豆等豆科綠肥作物大量被栽培。

## 再次受到重視的綠肥

近年來，綠肥再次受到檢視。比起以前作爲氮素肥料使用，更預期綠肥具有改善土壤物理性、增加有用微生物、抑制土壤病害與線蟲危害、抑制雜草、去除設施栽培中多餘養分（清潔作物）等效果。此外，亦期待預防風害、防止凍害、防治害蟲等效果。

對於抑制線蟲爲而言，綠肥已成爲取代土壤消毒策略而受到注目。例如，針對馬鈴薯胞囊線蟲，有報告指出栽培茄科的火箭葉具有效果。在一項調查中得知，將火箭葉作爲綠肥栽培且種植得非常好的農場內，場內線蟲的密度是其他農場的2分之1。另對抗根腐線蟲的綠肥作物中，粗燕麥（野生種燕麥）具有提升抗線蟲的效果。

此外，芥菜與chagarashi（含辛辣味芥菜）正被研究作爲燻蒸作物（作爲土壤燻蒸劑使用而被栽培的作物）的效果。據報導，將這些作物混入田裡時，會產生具殺菌效果的異硫氰酸酯成分，進而減少線蟲與根瘤發生之案例。

## 各式各樣的利用法

除可讓土壤變得更好外，還有各式各樣使用綠肥的方法與技巧。例如，將小麥撒在畦間可供覆蓋利用。以活體植物作爲覆蓋作物時，具有抑制雜草與改善排水的效果，也可防止畦間土壤被踩踏而變得太硬。因爲不使用塑膠布，所以廢棄物會減少，是對環境很友善的一種覆蓋物。

從景觀美化的角度來看，開花性綠肥也有需求。如油菜花與黃芪屬植物等在秋天水稻收穫後播種於稻田，春季時就可愉快賞花。這種風景曾經在日本鄉村是非常常見的。在欣賞美麗風景的同時，也反映了農民改良土壤的願望。

# 綠肥的各種效果

## 具抗線蟲效果的作物

| | 作物名 | 商品名 | 抑制線蟲 | | | | | | | | |
|---|---|---|---|---|---|---|---|---|---|---|---|
| | | | 根瘤線蟲 | | | | 根腐線蟲 | | | 矮化線蟲 | 大豆胞囊線蟲 |
| | | | 北方根瘤線蟲 | 南方根瘤線蟲 | 無心菜根瘤線蟲 | 瓜哇根瘤線蟲 | 北方根腐線蟲 | 南方根腐線蟲 | 胡桃根腐線蟲 | | |
| 豆科 | 豬屎豆屬 | ネマコロリ（雪） | ○ | ◎ | | | | ○ | | | |
| | | ネマキング（雪） | ◎ | ◎ | ◎ | ◎ | ○ | ◎ | ◎ | ◎ | ◎ |
| | | ネマクリーン（カ） | ◎ | ◎ | ◎ | ◎ | | ◎ | ○ | ◎ | |
| | | クロタラリア（カ） | | ◎ | | | ○ | | | | |
| | 三葉草 | くれない（雪） | | | | | | | | | ◎ |
| | 鈍葉決明 | エビスグサ（カ） | | | | | ◎ | | | ◎ | |
| 禾本科 | 野生種燕麥 | ヘイオーツ（雪） | ○ | | | | ◎ | ○ | | | |
| | 大黍 | ソイルクリーン（雪） | ◎ | ◎ | | ◎ | ○ | ○ | | | |
| | 高粱 | つちたろう（雪） | ○ | ◎ | | | | | | | |
| | 蘇丹草 | ねまへらそう（雪） | ○ | | | | ○ | | | | |
| 菊科 | 金盞花* | アフリカントール | | ○ | | | ◎ | ◎ | ◎ | × | |

＊有多間業者販售
◎：抑制線蟲的效果高　○：具有一定程度的抑制效果　×：會使線蟲增殖　空欄：不明
（雪）：雪印種苗、（カ）：Kaneko種苗

（資料：「月刊　現代農業」2009年10月號、農文協）

## 各式各樣的綠肥作物

▲春季油菜花與黃芪屬植物開花的景觀，呈現了早期田園的情景

◀ 長柔毛野豌豆

燕麥 ▶

# 推薦手工製的「稻殼堆肥」

## 什麼是稻殼

稻殼是水稻的副產品，有各種利用的方法。所謂的稻殼，是覆蓋糙米的硬殼。具有保護種子的功能，含有作物生長所必需的物質，且有改良田地的特性。稻殼是種植水稻就必定會出現的產物，所以一定要想辦法活用。

在稻殼中，C／N比（第96頁）值約75，並含有20％作物生長不可或缺的矽元素。具有提高抗病蟲害與增進光合作用等效果之特性。此外，由於矽元素是一種不會對植物造成過量損害的元素，因此被視爲是一種對環境友好的農業技術而受到注目。

## 可田間覆蓋也可應用到水稻的育苗

如果想輕鬆使用稻殼，可以直接將稻殼覆蓋在土表。於春季，在作物種植的畦上撒上一層厚厚稻殼，透過曝晒在風雨下而腐熟。如果在晚秋時將其混拌到田裡，可以獲得與稻殼堆肥相同的效果。此外，在覆蓋稻殼的同時，具有抑制雜草的效果，亦可得到保持土壤表面溫度適合、保肥及保水等效果。

碳化後的稻殼質量變得很輕，即使用在水稻育苗的床土也受到歡迎。除減輕搬運稻苗的繁重勞動外，還具有優良的保水能力，且對水稻植株根系的生長有益。變成灰分後的物質，作爲矽酸的供給來源也有很高的利用價值。

## 稻殼堆肥的製作方法

對稻殼而言，本身比較堅硬，因具有防水的特性，所以在作爲堆肥時的發酵、分解必須要用心。由於水分含量低，可使用廚餘、家畜糞尿或大豆粕等含水量高且C／N比值低之材料作爲調整的資材。因爲在土壤中分解所需時間較長，所以會使土壤中的間隙變多，不管是在砂質地或黏土質地的土壤都會變得蓬鬆。

儘管被稱爲稻殼堆肥，其中的材料、比例及製備的方法等有很多種。能與稻殼混合的資材，包含家畜糞尿、米糠、廚餘等。雖然放入可促進發酵的材料是有益的，但最好是使用容易取得的材料。

即使在行政部門，有因稻殼之潛在能力而受到關注的例子。在千葉縣睦沢町與一宮町共同營運的「Kazusa有機中心」，生產一種由牛的糞尿與稻殼混合、可再回收利用，名爲「稻殼物語」的有機肥料。這種肥料不僅是用在大規模農場，也受到有興趣從事家庭菜園栽培民衆的歡迎。

不管是家畜糞尿或稻殼，原本就因要如何處理而很困惑，是屬於要被丟棄的材料。將原本難處理的物質嘗試用心考慮而變得好用，未來將變得越來越重要。

## 稻殼堆肥製備的普及

由稻殼與家畜糞便混合物製成的。照片中表示的是與雞糞混合的情形。稻殼混合量會因糞便的溼度而改變

已完成之稻殼混合雞糞的堆肥。左邊的有點乾。右邊的是水分含量恰到好處的產品

Kazusa有機中心所販售，稻殼混合牛糞之有機肥料「稻殼物語」

（照片：睦沢町）

# 養分過剩時代的施肥改善

## 因高級化學合成肥料而崩壞的元素均衡

稻殼堆肥等纖維質多的堆肥充分混入後，可讓土壤的胃袋變大，使田間大量殘留的肥料濃度被稀釋，這是土壤製備的第一步。

那麼，施用肥料方面要如何進行呢？在蔬菜產區，由於每年都持續使用含高濃度氮、磷、鉀等高級化學肥料，已使土壤的平衡崩潰了。6種必要元素（第60頁）可透過陰離子與陽離子的形式均衡被作物吸收，是作物健康生長的基礎，如下頁所示，有各式各樣的平衡崩壞。

**【崩壞之①】**陰離子的氮素施用過剩與硫元素含量不足。就離子比例而言，硫與磷酸有相同程度的必要性，但由於連續使用含硫量低的高級化學合成肥料，日本全國的土壤都潛在有缺硫情況。

**【崩壞之②】**在陽離子鉀施用過量下，石灰（鈣）與苦土（鎂）的肥效會惡化。反之，若石灰與鎂也大量施用，使鉀的平衡惡化，導致不易被吸收。

## 高級化學合成肥料之施肥量無法減少

於高級化學合成肥料中，因作爲副成分之石灰、硫酸（硫）的含量少，從以前就有人指出，在連續長期使下會產生該類成分不足的風險。現在的高級化學合成肥料（氮、磷、鉀等3要素的總和超過30%），爲了提高其中的成分量，主要使用以磷酸與氮素作爲原料的磷酸銨。這種磷酸銨，不包括含過磷酸鈣的石膏（含硫的硫酸鈣）。氮素不足時，不要用尿素或硝酸銨來補充，如果使用氯化鉀或硝酸鹽作爲鉀元素來源時，會變成非硫酸根（無硫）的肥料。

也就是說，目前的高級化學合成肥料，不管施用量減少或增加，也無法改善養分的平衡。只要是使用高級化學合成的產品，就會持續發生浪費且不均衡施肥的情形。

## 要如何改善才行

**①停止施用高級化學合成肥料：**在連續使用高級化學合成肥料導致鉀元素大量累積的農田，與pH值較高的田地，建議不要再使用高級化學合成肥料，而改成硫酸銨與過磷酸鈣等單一肥料，並試著停止施用鉀肥，這樣對品質和產量有提高的效果。

**②如果嫌單一肥料麻煩，就用「普通化學合成肥料」：**3要素含量低於30%的普通化學肥料，使用硫酸銨與過磷酸鈣作爲原料的很多。透過使用低級化學合成肥料，施肥均衡會變得比較好。

必須要做的工作是考慮均衡、減少施肥量，透過「土壤改良」使農地變成具有較高保肥力。

# 養分過量時代的均衡改善

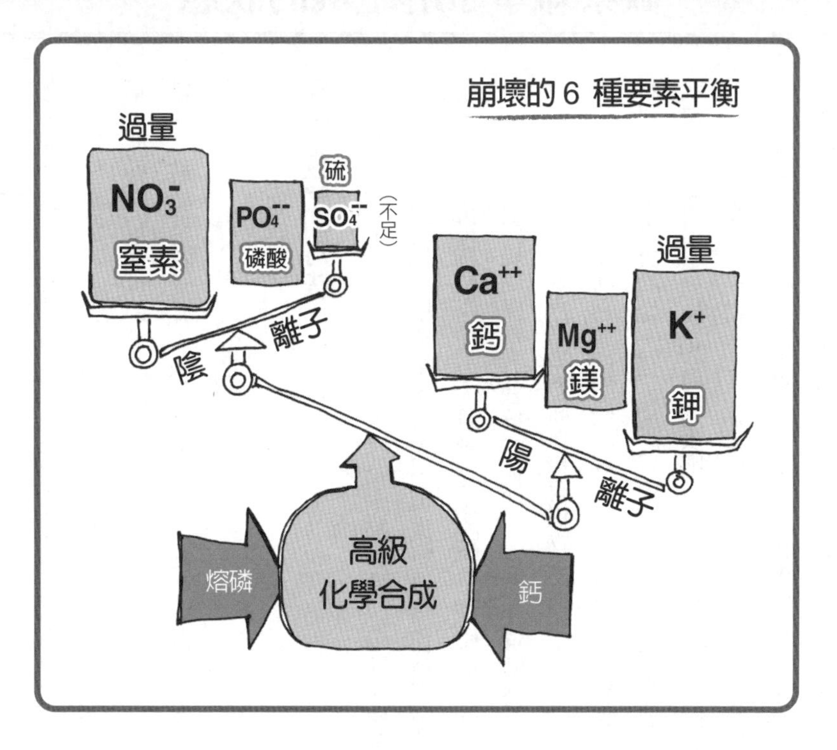

# 觀察雜草了解土壤的狀態

## 野外雜草與田間雜草的差異

在人類的活動範圍內，無關人類的企圖而自然生長的植物稱爲雜草。對人類而言，多數是指可造成某種危害的草，已成爲基本上要去除的對象。這類草並非廣義上講的草，此外亦包含一部分的灌木、苔蘚植物及藻類。所謂的雜草，被認爲是介於人類管理下之「作物」與自然環境下所生長之「野外草」中間的位置。

## 活用雜草的方法

雖然雜草可以透過割草或除草劑來滅除，但除了將其去除外，也可以活用雜草。首先，可以將雜草作爲覆蓋物來利用。在柑橘類產地，大量割完後的雜草被置放在塑膠布下，可用於提高保水力栽培的模式。在製作堆肥時，也可以與廚餘、米糠等物質一起作爲有機物來活用。

此外，爲了清楚土壤的狀況，雜草也可作爲判斷的材料。令人驚訝的是，在土壤改良過程中，可透過雜草的狀況，判斷出土壤的pH與土壤肥力缺乏的時間點。直到1940年代（昭和20年代），在田埂邊種植一株繡球花，可用來決定石灰的施用量。其主要是利用繡球花在屬於酸性較強的土壤時，藍色會變得很鮮豔，但若是在偏鹼性時，則會變成粉紅色的特性。

## 雜草能教我們了解土壤的狀態

例如，在土質不良的地方進行改良土壤後，可透過之後所長出雜草的變化來了解。

如果田裡長出了稗草、看麥娘、野芹菜等雜草時，就知道這塊地是溼地，因此施用稻殼就可將溼氣去除。

如果是長出馬尾草的場合，該地屬微溼狀態，爲酸性土壤，因此需要施用鹼性的土壤改良資材。在酸性且乾燥的地方則會長出沙塵草。

如果是長出了狗尾草（貓捧），就表示該土地已經變成了農地的證據，之後再變成肥沃的農場時，車前草與北美一枝黃花就會長出來。

在潮溼的溫室內，若要觀察土壤內空氣的流動情況，最好是觀察苔蘚的種類。天鵝絨苔蘚喜好生長在通風良好的土壤中，若不是屬於這種土壤時，則會長出地錢類苔蘚。

也有些可以作爲決定何時施肥的雜草。以寶蓋草與繁縷來說，當田裡所施用之肥料的肥效消失時，這2種雜草的芽會變得很小。當觀察到雜草發生變化時就要立即採取應對措施，這樣就可以把農作物種植得很好。

此外，有無犁底層也可以透過雜草了解。一般狗尾草在農地上會長到約人的胸膛高度，但如果有堅硬的犁底層時，只會長到15公分左右。

# 利用雜草診斷土壤

## 能教你土壤何時無肥效的雜草

▲ 寶蓋草

▲ 繁縷

寶蓋草與繁縷在肥料效果用盡時芽會變得很小。寶蓋草在生長點附近的葉子會急速變小，而繁縷的莖部會變暗紅色

## 能教你了解土壤狀態的雜草

喜歡肥沃土壤的雜草

**馬齒莧**

其他還有春蓼、菘、野莧等

貧瘠土壤中生長的雜草

**馬唐**

其他還有一年蓬、野桐蒿、歐洲黃菀等

## 能讓你知道有無犁底層的雜草

**狗尾草**

可以在土壤鬆軟且肥沃土地長得很高大，但在有犁底層的情況下只能長到15公分左右

# 不同蔬菜種類的施肥方法

## 依蔬菜改變肥料成有效的處方

根據蔬菜的種類，所需的肥料與施肥方法會有差異。如果能了解所栽培蔬菜的生長條件，並依所觀察到的狀態給予適當施肥的話，蔬菜的生長與收穫量會出現差異。

若將與肥料有關的蔬菜類型做區分時，可以分爲①先期逃逸型；②持續型；③上升型。

屬於先期逃逸型的蔬菜，生長期短，包含以採收莖葉爲主的作物，與最初以莖葉生長爲主，之後將可採收較肥大部分分開來。屬前者作物有菠菜與茼蒿，後者作物則有甘薯與馬鈴薯。這些蔬菜中，以基肥爲主要肥料，若生長後期氮素肥效不足時可以進行施肥。

持續型蔬菜，代表的有茄子、胡瓜、青椒等。這類蔬菜因莖葉生長之後會一點一點持續性採收，所以生長期會比較長。這一類型的蔬菜需要大量基肥與追肥，且必須頻繁施用。

上升型蔬菜，包括易以藤蔓方式生長的西瓜與甜瓜類等，與易以葉方式生長的牛蒡與蘿蔔等。肥料施用方式是基肥的使用量要減少，但必須要提高追肥的施用。

## 考量施肥的場所

針對蘿蔔、胡蘿蔔、牛蒡等根菜類作物的施肥，是全土表層以較薄的方式撒布。如果部分土層施用到有結塊的肥料時，作物根部在接觸塊狀肥料時會受傷，並會再次生根。於馬鈴薯，不直接吸收薯塊正下方的肥料。所以要將肥料施用在馬鈴薯間畦上，使根系生長，其結果可提升產量。

於茄子與胡瓜，雖可長時間持續生長，但這類蔬菜的根系較淺，在高地溫與乾燥的條件下生長勢容易變弱，因此最好在植物的基部放置大量堆肥。透過這種方式，施肥時可以根據蔬菜的類型，考慮各種不同的施肥方式。

## 確定追肥的施用時間點

關於施用追肥的時間點，確定作物種類是必要的重點。以番茄爲例，雖然追肥施用延遲也會有收穫，但仍要擔心可能存有肥料效果過剩的狀況。因此第1次的追肥，於第1花冠有3～4個開花，且花朵變大、顏色變深時，應施用在畦肩處。請務必牢記，當果實有1圓日幣大小時，施用第2次追肥，於第2花冠出現著果時，施用第3次追肥。

延遲追肥施用也有它的好處。例如，番茄前端葉子出現捲曲時，是氮素過多的現象。對於胡瓜也相同，當氮素過多時，葉片會變圓且呈帶狀無菱角，所以最好要減少追肥的施用。若能了解每種作物出現的症狀與對策，就可以研擬追肥施用的最佳時間。

# 肥料施用的場所與施用量

## 蔬菜生長與肥效的型態（印象）

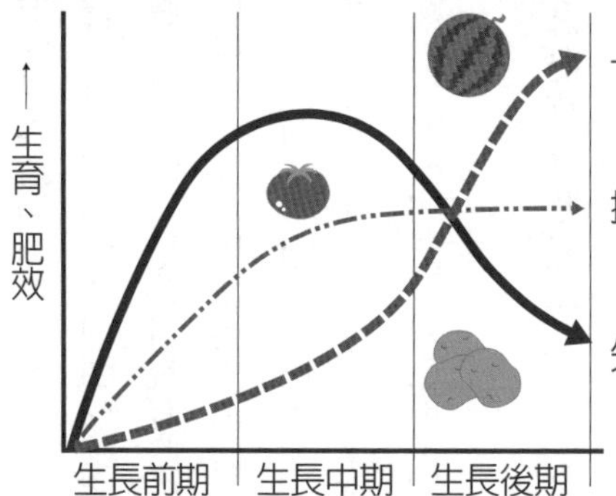


| 型態 | 中間 | 蔬菜 | 施肥方式 |
|---|---|---|---|
| 先期逃逸型 | | 小蕪菁、菠菜、茼蒿、萵苣、甘薯、馬鈴薯、芋頭 | 以基肥為主體，全土表層施肥。自生長後期開始，特別是氮素肥效用盡比較好 |
| | 中間 | 甘藍、白菜、花椰菜、洋蔥、山藥 | 以基肥為主體，屬於長效型的肥料。到生長中期所施用的肥料仍具肥效，後期要適度控制 |
| 持續型 | | 胡瓜、番茄、番椒、茄子、蔥、菜豆、枝豆、胡蘿蔔、芹菜 | 所施用的基肥為肥效長且具緩效性的肥料。追肥施用次數多，後期肥料施用不可間斷 |
| 上升型 | 中間 | 蘆筍、甜玉米、豌豆、草莓 | 需要稍微控制基肥的施用。追肥要早點施用 |
| | | 南瓜、冬瓜、西瓜、甜瓜、白瓜、蘿蔔、牛蒡 | 基肥要控制。生長中期開始到後期，施用追肥調整生長 |

## 依不同蔬菜而施肥的場所

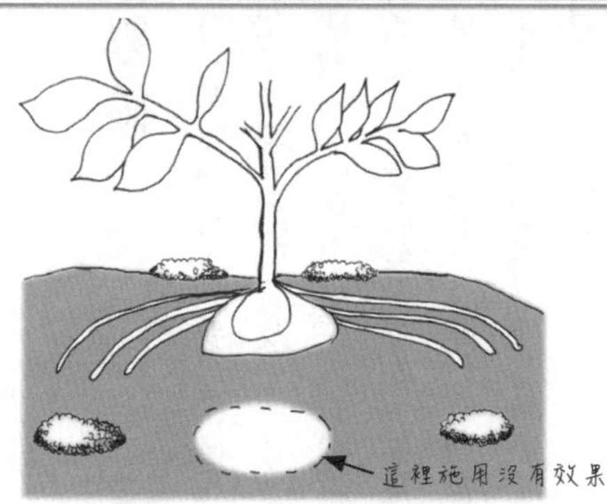

馬鈴薯於畦上及薯塊與薯塊間施用

胡瓜與茄子在植株基部大量施用

# 推薦手工製液肥

## 簡單有效的液體肥料

所謂液體肥料（液肥），是水溶液狀態的肥料，因爲是液態的關係，所以成分可以很均勻地被施用。此外，也可以混合除草劑與殺蟲劑等農藥一起使用。此外，還具有容易滲透到土壤與肥效容易出現的優點。以利用效率而言，對比固體肥料約60％，液肥的利用效率約爲90％。液肥可以很容易地使用現有的設備，如以噴水器與灌溉管來施用，在美國已經超過了固體肥料的生產量。

在日本，自江戶時代手工製作的液肥已開始被使用。包含人類糞尿與水混合發酵的液體、魚烹煮後的汁液、野獸肉發酵後的液體等，都是屬於非常好的肥料。

## 液肥是高級肥料

現今液肥再次受到注目，不僅僅是因爲液肥的效果已經被確認了，且市售的液肥產品越來越多樣化，另外就是手工製液肥的效果也已經被注意到了。近年來，隨著化學肥料價格的上漲，對自己生產的肥料需求也在增加。

從市售有機液肥之代表產品來看。都是利用製糖時所產生的糖蜜，與自糖蜜生產工業酒精時所產生出來之廢棄液所製作成的液肥產品。此外，還有製作魚罐頭時烹煮出來的汁液進一步熬煮後也經常被使用。這些資材原本就是氮素比較多的材料，透過進一步熬煮防止腐爛而製成的產品。將玉米製作玉米澱粉剩下的材料，也可以成爲液肥的原料。然而這種有機液肥，因其肥效高，故價格也高。

## 逐漸普及的手工製液肥

對化學肥料與有機肥料而言，只要再稍微花些時間就可以製成液肥，因此手工製液肥就普及了。在菊花栽培使用時，是透過將過磷酸鈣溶解於水中製成的過磷酸鈣水溶液。不僅能很便宜製成，且磷酸效果很好。盆景愛好者自以前開始，就很常使用油粕的腐汁。雖然有豐富的養分，但如果直接施用時很容易出現氣體效應等危害，所以這些油粕最好能經過發酵後才作爲肥料使用。

將有機物浸泡在竹醋液的資材，內含乳酸菌與光合成細菌等菌液，一般也可以作爲液肥來使用。具有微生物繁殖後的液肥，其優點是該液肥的機能能夠得到加乘效果。

手工製液肥最大的問題是它的氣味，但可以透過添加乳酸菌、光合成細菌或二價鐵離子等來減輕氣味。此外，常發生施肥時管子堵塞的問題，最好用雙層細網，且孔徑很細的材質進行過濾。液肥取決於製備方法與使用方法所下的功夫，未來會成爲逐漸普及的肥料。

# 各種手工製液肥

## 過磷酸鈣水溶液製作方法

① 將10L水和100g過磷酸鈣放入容器中，充分均勻攪拌約10分鐘。

② 將混合液靜置一晚後，會分成上清液與沉澱物，只要取出上清液即可。

## 其他液肥

| | | |
|---|---|---|
| 油粕有機液肥 | 製造方法 | 將水40L、油粕700g、魚渣500g與過磷酸鈣400g放入容器中，偶爾攪拌讓其混合均勻，以3～5週的時間腐熟。 |
| | 使用方法 | 將溶液以4～5倍稀釋後使用。對甜瓜與西瓜具有追肥效果。 |
| 草液肥 | 製造方法 | 將4～5月時採到的幼嫩雜草泡在水裡發酵1～2個月。加入少許的草木灰（碳酸鉀）可加速發酵。 |
| | 使用方法 | 將溶液以2～3倍稀釋後作為追肥使用。若為根系較弱的植物，以10倍稀釋後再使用。 |

（參考：水口文夫「家庭菜園操作技巧」農文協、農文協「月刊　現代農業」1988年6月號）

# 化學肥料也可作爲Bokashi肥料

## Bokashi肥料是什麼

一般Bokashi肥料的原料包含油粕、小魚與魚渣、米糠、雞糞等有機物，爲利用微生物分解有機物之特性所製成的產品。

雖然有機質肥料的養分很豐富，但如果直接施用於土壤栽培農作物時，可能會產生有害氣體，進而導致作物出現生長障礙問題。此外，還可能成爲蒼蠅與田鼠食物的弊端。

在這種情況下將肥料與堆肥等混合，將溫度保持在不會殺死有益菌之45～60℃下，重複將混合物充分發酵的操作就稱爲「Bokashi」。因有機質肥料快速被分解、被吸收時就變成「Bokasu」（慢慢釋放效果），故被稱爲「Bokashi」。

在適當溫度下持續發酵的Bokashi，即使在施用後也會因微生物而慢慢被分解，具有肥效（肥料的效果）持續的優點。由於微生物也可改善土壤環境，對環境不會造成負荷而成爲可永續操作的農業，因此從改良土壤的觀點來看，使用Bokashi肥料的農民會越來越多。

## 少量使用也有效果的化學肥料Bokashi

添加化學肥料而製成的化學肥料Bokashi，比只使用有機物製成的Bokashi肥料便宜，能夠製成使用量少也能有很好肥效的產品。但是在這個時候，必須注意所使用化學肥料的分量，即使是被稱爲Bokashi肥料，也不能讓肥效很急速地被釋放出來。

常見的有機質材料，雖然包括前面所提的米糠、魚渣、油粕等，但也可以使用一般家庭的廚餘等。作爲發酵來源的微生物有EM菌、放線菌、乳酸菌等，透過購買方式取得，或使用身邊有的土棲菌，可用來製作Bokashi肥料。

## 活用土棲菌製作Bokashi肥料

即使不購買菌株，也可以使用原本土壤中有的土棲菌來製作Bokashi肥料。

例如，米糠、潮溼的豆粕（用來調節水分）、落葉、稻殼等充分混合後堆放。並將稻草等鋪在上面，放置2天左右。堆置期間，空氣中的納豆菌與麴菌會進入，並進行發酵。當發酵過程開始發熱時，將化學肥料加入混合，若溫度持續升高，可追加混入化學肥料，依這種方式慢慢增加化學肥料的量。

因爲材料與配方可以透過各種巧思來設計，可以嘗試使用周邊的資材，巧妙地將其組合後，製成所謂好的Bokashi 肥料。

## Bokashi肥料的製作方法與使用方式

### 推薦 Bokashi 肥料的製作方法

**製作方法**

〈例〉

田土 …………………… 100g
乾燥雞糞 ……………… 20g
油粕 …………………… 10g
米糠 …………………… 10g
過磷酸鈣 ……………… 6g
碳化稻殼 ……………… 20g
（草木灰7g）

★在冬季製作時比較容易成功

塑膠布

① 材料加水混合，給予適當的養分並堆積，以塑膠布覆蓋。
（水太多時容易腐敗）
② 當以手觸摸有發熱的感覺時（7～10天後），重複2～3次。
③ 當不再發熱時，即表示已完成（2～4個月後）。

**保存方法**

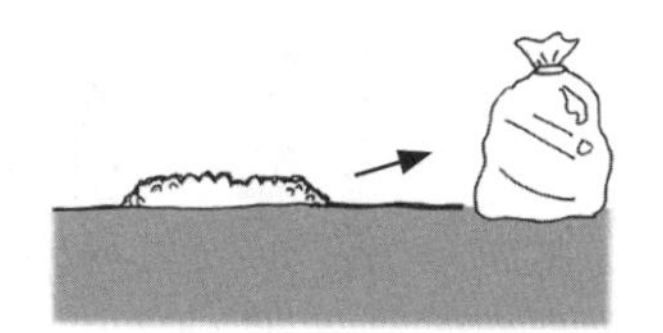

薄薄地將堆置物分散並將其陰乾，乾燥後裝入肥料袋内保存。

**使用方法**

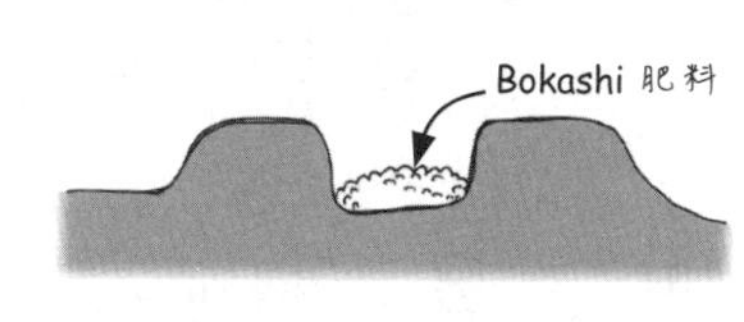


在定植前幾天挖掘植穴，於植穴底部施用1～2把，不用再施肥也可長出不錯的根系。

當作追肥使用時，可以於植株基部挖穴後，再進行施用。

（資料：水口文夫「家庭菜園操作技巧」農文協）

### 不同組合效果會改變

米糠與 **油粕** =米糠的磷酸成分會變得更有效果。

油粕與 **草木灰** =油粕的氮素成分會變得更有效果。

過磷酸鈣與 **Bokashi肥料** =磷酸成分變得有效，而不會浪費掉。

Bokashi肥料與較多的 **土** =土的肥料成分能保持，可防止流失，惡臭也會消失。

# 肥料可以抑制病害

## 栽培不易發生病害的作物

「若能將作物培育成很健康時，就應該對病害具有耐性」。與人類的身體一樣，當免疫能力強壯時就會有健康的體魄，不容易出現感冒等疾病，就算不吃藥也能過健康的生活。近年來，依這種概念防治作物病害的方法受到關注。

到目前爲止，可將作爲土壤改良材料與肥料來使用之資材擴大利用變成具有防治的效果。接著，來看看一些相關的例子。

## 不讓病原菌靠近——「石灰防治」

作爲肥料卻可當作防治資材來使用的代表例子是石灰。石灰肥料原本的功能，是提供植物石灰質，並中和土壤酸性，讓氮素、磷酸等養分更容易被吸收。消石灰與苦土石灰、過磷酸鈣、由貝類的殼粉碎後之有機石灰等，都可配合各自的pH值與特性有技巧地使用。

當這種石灰施用於農作物時，農作物中的果膠酸會結合，讓作物體的細胞壁變得堅固。進而在低溫與乾燥下變得更強，並具有使病原菌不易侵入的效果。到目前爲止，被報告對白粉病、灰黴病、根瘤病、青枯病、稻熱病及軟腐病等病害有效。

使用方法也眞的很簡單。可以直接以手撒播粉末，或將其溶在水中使用。雖然價格因種類而異，但20kg800日圓還是很便宜。可以在一般五金行（或賣場）等很容易購得。

像這樣成本低廉且易於使用，當初在民間農法用石灰防治方式，現在亦被農業的指導機關採用，並開始獲得人民的認可。

## 亞磷酸、鋅、矽等可防治病害

亞磷酸被認爲具有促進生長與增加糖分的效果，以作爲肥料被登記。然而，亞磷酸具有防治疫病與由腐霉菌所引起根腐病的效果。嚴格來說，是將作爲預防使用之市售亞磷酸肥料稀釋後，再添加到養液栽培的培養液中使用。

此外，對露菌病、疫病、白銹病等，各種病害的防治效果已經透過實驗證明。但是，由於亞磷酸是屬於比較昂貴的資材，且在過量使用下會導致生長障礙，因此遵守標準來使用是很重要的。

其他還有具促進光合性能的矽素，亦被知道具有防治草莓與胡瓜的白粉病、水稻稻熱病的效果。未來，期待可使用各種資材建立新的病害防治系統。

# 利用肥料防治病害

## 石灰的使用方法與效果

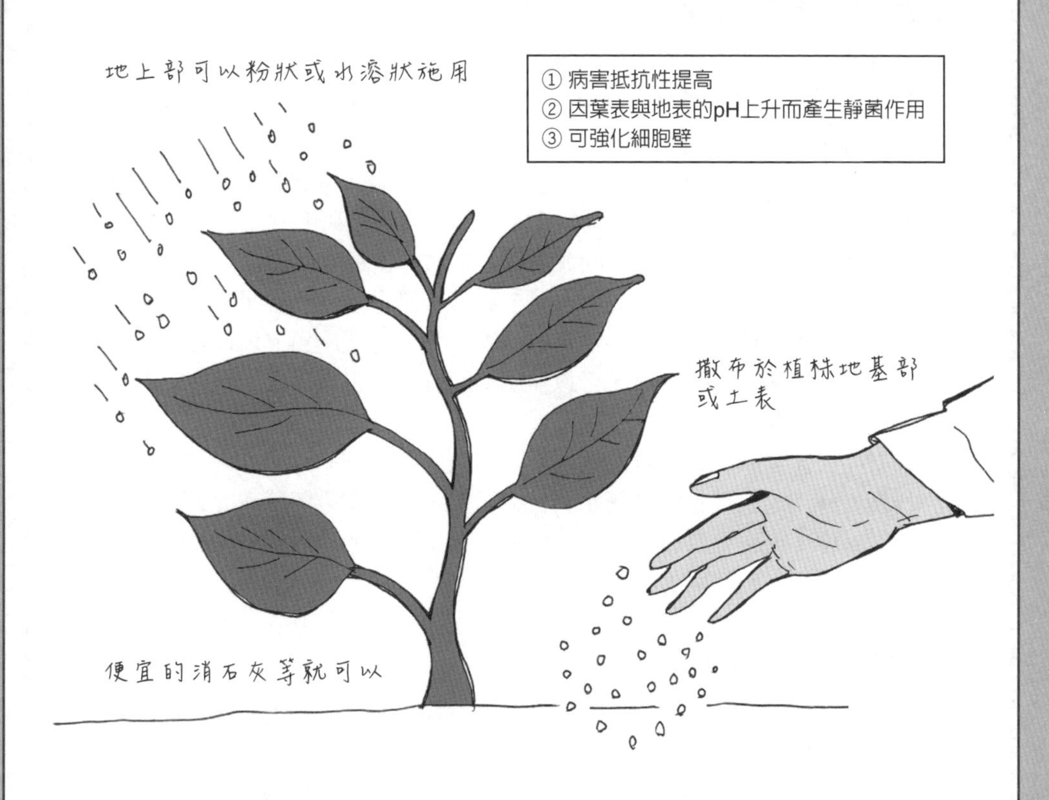

石灰因可調整土壤的pH值而常被使用，如照片所示，可進行葉面施用，或施用在植株地基部的土表，可以培育出對病蟲害具有強抵抗力的作用

# 不要丟棄咖啡渣

## 推薦作為「緩效性肥料」

煮咖啡後所留下的殘渣，稱爲咖啡渣，基本上有99%都是有機物，與多數木炭一樣含碳素成分，爲含氮素2%、磷酸0.2%、鉀0.3%的弱酸性緩效性肥料。

罐裝咖啡製造工廠所產生的大量咖啡渣被作爲「特殊肥料」販售，可被使用在乳牛等牛舍的墊料，以作爲除臭劑而廣泛被利用。

同樣地，一般家庭所產生的咖啡渣，被當作廚餘來丟棄太可惜。請務必作爲肥料再利用。最安全的方法是，將殘渣撒在園內的柚子或藍莓等果樹周遭，而不要與土壤混合，並且以一點一點的方式施用。即使是以盆缽栽種的觀葉植物與花花草草，可以作爲追肥施用在土壤表面。具緩效的效果，並培育出健康的植株。

有些人甚至將這種咖啡渣做成堆肥。在底部有洞的大盆缽中，加入少許作爲發酵用之三溫糖的砂糖水混合腐葉土，當有咖啡渣時就混入並儲存在這個缽中。直到盆缽內所儲存的殘渣上長出菌絲並持續讓它發酵變成白色時，就可以安心地與土壤混合。

## 亦可作為消臭、芳香、忌避劑

咖啡渣的顆粒，具有像炭一樣多孔特質的形態，也是很好的除臭劑。在仍爲潮溼狀態下，平鋪在盤子上，放入微波爐中微波後，可以去除微波爐的難聞氣味。另將潮溼咖啡渣放在菸灰缸的底部，具熄滅菸頭並消除菸味的功能。

而完全乾燥的咖啡渣，可以放入小茶包中，可除去冰箱、鞋櫃、犬隻大小便盒內的臭味。當流浪貓在房子周圍遊蕩時，在地面上放置咖啡渣對消除異味會有所幫助。

咖啡渣是身邊就有的「有機資材」

# 第9章 家庭菜園的土壤與肥料

無論是家庭菜園、市民農園或盆缽栽培，在土壤製備的重要性方面，與專業農民沒有什麼不同。

對小規模菜園來說，因爲要在狹小的地方種植各種作物，而對盆缽栽培來說，是在土壤使用有限下種植，因此爲了培育健康的作物必須要有技巧。

爲了讓培育作物的樂趣能普及，讓我們一起來學習如何施肥與使用土壤的巧思。

# 請小心這樣的地方（小規模菜園）

## 自己培育的樂趣

想自己種植好吃又美味的蔬菜；想讓孩子與孫子們吃到自己種的蔬菜；想嘗試進行無農藥栽培。像這類想自己動手栽培的動機有很多種，就算是沒有自己的農地，但快樂隨意種植蔬菜的人越來越多。

然而，在自家庭院或租借的農園能做到的範圍內，即所謂的小規模菜園，雖與大規模栽培場合相反卻帶有樂趣，可以在家庭菜園或出租農園中進行，提供與大型園藝不同的享受，但也出現了需解決的問題。

## 不要忘記種植的計畫

小規模菜園中常出現失敗的狀況，包含只大量種植一種蔬菜，或者依據季節田地會有空窗期等類似這些浪費的情形。例如，因爲茄子種植了很多吃不完，或因爲每次春夏季節所種的蔬菜沒有整理，導致錯過秋冬季節最適宜種菜的時間，使田地一直荒廢到春季。對很多人來說都有類似的失敗經驗。必須要依場地的狀況來播種，而不要胡亂種植，在早春季節開始時，必須要有1年通盤種植的計畫。

手邊最好要時常備有菜園的地圖與日曆，希望在制定實際的年度種植計畫後，才開始進行種植。同時，耕作時的施肥與整地也要考慮。

## 不知前期作物的市民農園

近年來，市民農園與借貸農園，其需求一直在增加。在這種狀況下開始種植時出現的問題，在於不清楚前期作物之栽培履歷的狀態比較多。此外，如果田地的位置是透過抽籤來決定，所劃分到的區塊每年都在改變，那麼就會變成在土壤狀況非固定的田地中種植作物。

在市民農園內，最初不需整地的取代方式爲必須了解田間土壤狀況，並採取對策。特別是在氮肥過多的田裡栽培時，會經常看到藤蔓類作物的藤蔓茂密或作物葉子茂盛。

爲了能簡單判斷土壤狀況，可以觀察田間所長出雜草的樣子。根據所生長的雜草種類，可以推斷出pH值與土壤中肥料殘存的程度等（第110頁）。

雖然可依雜草來診斷土壤的狀態，在輕鬆就能做到的另一方面，卻只能粗略了解土壤的狀態。如果有可能，最好進行土壤診斷，在知道土壤狀態相關數據後，就可作爲有效施肥的依據。就算是不熟悉栽培蔬菜的人，也可以根據診斷結果制定種植計畫與進行務農活動，可避免種植失敗。因最好要調查土壤的pH值與EC值，最低限度爲土壤採樣後，推薦可在現場使用簡單的市售套組進行測量（第41和43頁）。

## 家庭菜園、市民農園的整地

這就是所謂的家庭菜園與市民農園，園內大多種植少量但品項多的作物，因此了解土壤的狀況很重要

### 1 年間種植計畫的案例

考慮到播種時期與栽培時間，在不浪費農地的狀況下制定計畫很重要

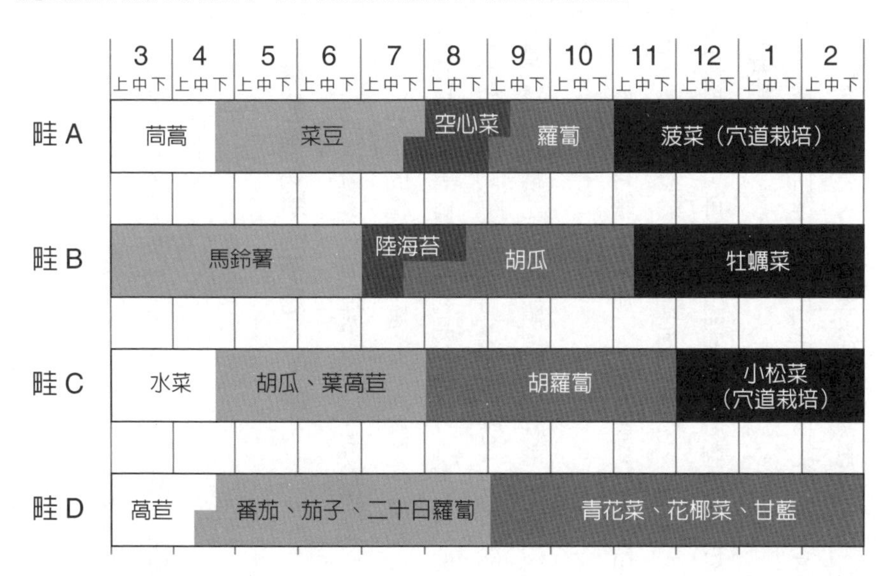

# 不生產代謝症候群蔬菜的減量施肥（小規模菜園）

## 如何防止代謝症候群蔬菜

攝入過量肥料而變成的「代謝症候群蔬菜」，在家庭菜園中，所種植的蔬菜很容易變成代謝症候群的蔬菜。引起的原因就是肥料施用超量，在養分過多的農地常常會發生。氮素肥吸收太多時，莖葉長得多且會變大，也容易受到病蟲害的侵染。此外，亦容易發生連作障礙。

爲了不產生代謝症候群蔬菜，要避免過量施用肥料。可透過添加堆肥等富含微生物的資材，使土壤更富饒。

## 控制施肥量使蔬菜更健康

施肥需用心注意的事項爲「控制施肥量」。家庭菜園用的市售肥料有很多是已混合的方便產品，實際上非常有吸引力。在園藝店，不可避免因爲肥料種類太多讓人眼花撩亂，因此常常忍不住會買太多的肥料。

另外還有一種方式，就是只使用少量的化學合成肥料與手工製有機肥料製備肥料。所購買的化學合成肥料，是屬於容易購買到的廣用型全8（即各含8％氮、磷、鉀的肥料）肥料。用Bokashi有機肥作基肥，具有緩慢釋放的長效性，若要作爲追肥用時，要施用具有速效性的化學合成肥料。

栽培蔬菜所需的氮肥量，每年每$m^2$約需要量爲300～400g。例如15$m^2$的農地，若全8型肥料施用7kg的話，就足夠使用1年。

與供給不夠的養分相比，要從土壤中去除多餘的養分更困難。從蔬菜栽培的角度來看，一點一點使用肥料所造成的失敗比較少。

## 選擇種植場所的技巧

若要種植多品項蔬菜時，常常會迷失在如何使用追肥。依蔬菜的種類，栽培方式與施肥效果都會不同，但業餘栽培者未考慮蔬菜的品種差異，會有過度施肥的情形（針對蔬菜品項施肥，見第112頁）。可以的話，將各種蔬菜種類歸納並分組種植，這樣就可以在相同時間下施用追肥。

例如，持續型的茄子、菜豆等蔬菜種植在附近的畦上。另外，屬於先期逃逸型的蔬菜，如果要在持續型蔬菜之後種植時，可以活用前期作物所剩餘的肥料，而無需施用基肥。

透過如何選擇肥料的種類與追肥的施用方法，及作物的組合等巧思，就可設定在不浪費肥料的情況下，種植出有生命力蔬菜的目標。

# 去除代謝症候群蔬菜

## 代謝症候群狀態之蔬菜的跡象

例如，如果氮素過剩時……

- 番茄的莖葉常會變得很大，花會掉落成為「樹葉茂盛」
- 甜瓜與西瓜的藤蔓只會一直伸長，而無法結果，變成「藤蔓茂密」
- 白菜的葉會出現黑色斑點，變成「胡麻症」
- 洋蔥露菌病與蘿蔔軟腐病會增加

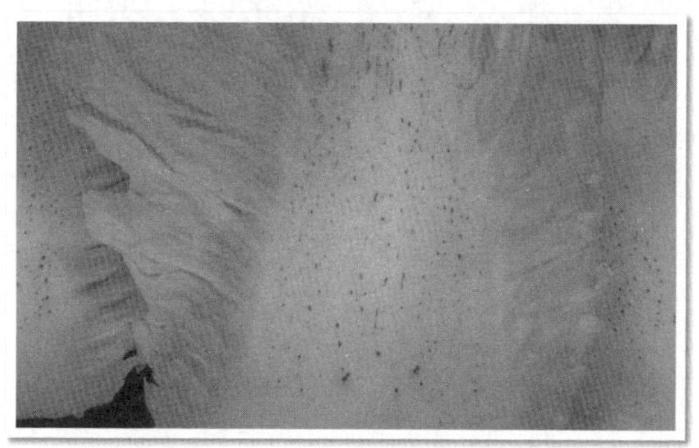

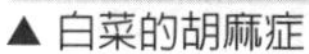

▲ 白菜的胡麻症

▲ 洋蔥的露菌病

## 以作物別來施用追肥很方便（耕作計畫案例）

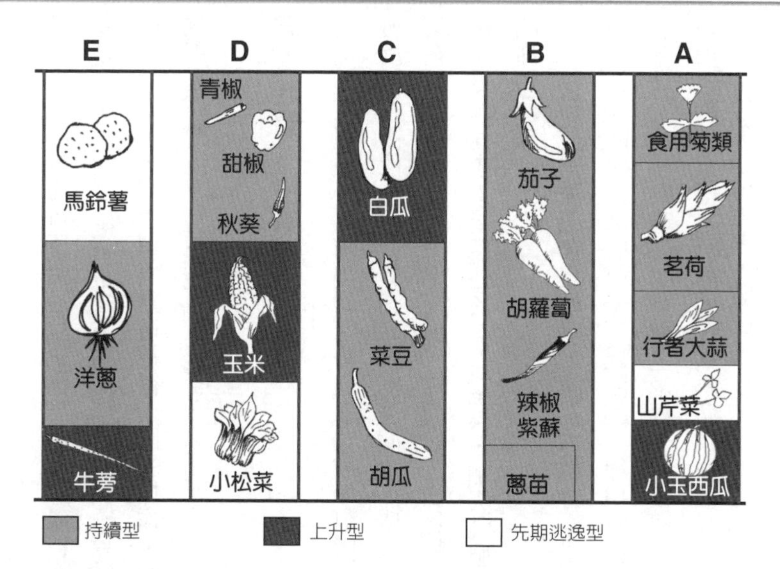


透過將相同類型的蔬菜組合在一起，可以同時進行施用追肥。

# 手工製落葉堆肥的巧思（小規模菜園）

## 落葉堆肥是意想不到的好東西

在自己製作堆肥的場合，常會出現一個問題：置放的地點要在哪裡？於市民農園與家庭菜園內，分配的地方有限。此外，考慮到採購家畜堆肥等材料，並不容易。面對這些問題，有個可以簡單解決的策略，就是使用落葉製作堆肥。利用手邊有的材料就可以製成，而且如果使用沙袋的話，也不會占用太多空間。不用費吹灰之力，就可製作出優質的堆肥。

因爲落葉是免費的，其魅力在於即使在城市裡，落葉也很容易收集。在公園或行道樹下方等，可以收集到足夠給家庭菜園用的落葉。落葉通常被當作垃圾來處理，所以如果將落葉收集作爲堆肥用時，兼具清掃落葉之一石二鳥的好處。

## 活用沙袋與肥料袋

所收集的落葉，在製作時最好是仍含有一些潤溼的落葉。在堆肥製作時，水分是必要的，就算水分含量很少也要添加少量的水。當用沙袋與肥料袋將落葉塞滿時，要避免混入銀杏等針葉樹的葉子與小枝條。因爲這些資材不容易分解，故製作的堆肥品質會變差。

製作堆肥時，只需將20L落葉與1～2L的田土、4L的水及各100g的油粕與米糠充分混合，就很容易製成。

使用沙袋時，將材料以三明治狀態的方式緊緊地塞滿，上面用塑膠布覆蓋進行遮光，在發酵過程會發熱使沙袋變熱。1個月後，將堆肥轉移到另一個袋子（重複進行）。之後，在3週內重複進行相同的操作，約3個月後堆肥量將變成原始最初量的3分之2左右。

## 混入畦間、持續進行發酵

即使體積分量縮小到3分之2左右，但因還沒有完全發酵，且不能一直置放在有限的空間內。所以，當春季蔬菜在做畦時，將落葉堆肥混入畦間的方法比較方便。依種植計畫做畦後，將畦間挖30～40cm深，加入堆肥，1週後開始種植蔬菜。

等到秋季蔬菜在定植時，雖然大部分都已經分解了，但是在畦間混入堆肥還是有風險的。種植時要淺栽，並定植在畦上，畦與畦之間要撒上米糠，然後與堆肥混拌。這是爲了能稍微促進發酵。在秋季蔬菜收穫後，開始進行農地全面的整地，並進行堆肥的配發。

此時，落葉基本上已被完全分解，取而代之的是具有蓬鬆團粒構造的土壤。

# 簡單落葉堆肥的製作

## 落葉堆肥的製作方法

材料
田土1～2L
落葉 20L
水4L
4L
沙袋（50×60cm）將落葉塞滿
油粕 100g
米糠 100g

用力將空氣壓出
覆蓋米糠、油粕、水後，將田土與落葉以三明治狀態進行
沙袋
田土
田土
米糠
油粕
田土
落葉
累積後
要澆足夠的水
多餘的水會從網篩流出
沙袋用細繩綁緊後
就完成了

## 落葉堆肥施用在畦間

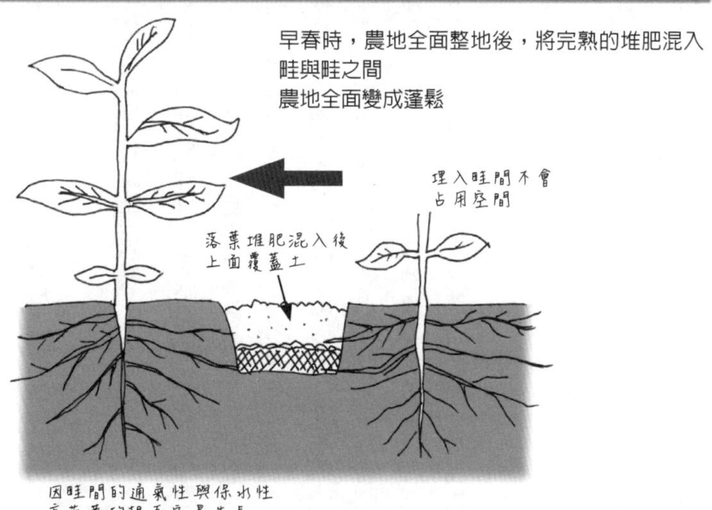

# 充分活用小農地（小規模菜園）

## 多品項蔬菜管理需要地圖

栽培多種作物後，若仍要保持健康土壤的特性，詳細規畫種植計畫是不可欠缺的。在此推薦製作菜園地圖。分成春夏作與秋冬作2個季節，一張一張記錄起來。

菜園地圖所需記錄的項目，包括畦、種植的作物、植株數量及面積等。另外也建議要畫出農田的方向，考慮蔬菜的特性並記錄。栽培作物要考慮的條件很多，如必要的肥料與水分要多少，要擔心是否有連作障礙的可能，是喜歡陰涼或陽光直射等，考慮這些因素後就可以製作地圖。

## 依生長類型不同的製圖與管理方法

在計畫制定階段，亦要考慮同時種植、後續種植的組合，此外最好針對不同生長類型的作物設定不同的區域。特性相似的蔬菜彼此靠近種植會比較好管理。將其分組後，就像以下所述。

①即使在半日不照光下也能栽培的蔬菜，上方要架設網子，這時可讓攀爬性蔬菜攀爬，可以在頂部與底部進行立體式栽培的作物。

②需要較多水分與肥料，是屬於長很高且栽培期長的作物。

③雖然長得很高，但栽培期間短的作物。

④栽培期間與③大致相同，但長得不高的作物。

⑤屬於根菜類與葉菜類，長不高的作物。

⑥種植在農田邊或畦間的作物。

上述所屬的主要農作物有：①適陰性強的行者大蒜、生薑，攀爬性的小玉西瓜、甜瓜、苦瓜；②芋頭、茄子、生薑；③玉米、番茄、胡瓜；④甜椒、青椒、辣椒；⑤洋蔥、馬鈴薯、牛蒡；⑥韭菜、大蒜等。

## 即使是狹小的場所也不要浪費

作物生長的高度與栽培所需時間，以蔬菜類型（第112頁）來看作物的話，自然就會決定種植的地點。如果按這樣做的話，追肥與澆水的作業將會更容易。

對於春夏季作物，相對來說是屬於適蔭性比較強，生長較高的作物，可種植在北側田畦上，而栽培所需時間短的作物要種在南側。相反的，種植秋冬季蔬菜苗時就可以不用遮蔭。而需要大量肥料與水之芋頭、茄子種在相同的田畦時，可以一起管理。

菜園地圖在製作時，防止連作障礙也是很重要的。收穫的時間要分散，透過作物的輪作栽培，可以減少土壤中微生物相的差異。

此外，為了不引起障礙，同時透過減量施肥（第124頁）與落葉堆肥來改良土壤（第126頁）是有效的。

# 活用菜園地圖

## 蔬菜的生育型

| 春夏季蔬菜 | | 秋冬季蔬菜 | |
|---|---|---|---|
| **可以上下呈立體栽培的類型**<br><br>半遮蔭蔬菜與攀爬性蔬菜 | 行者大蒜、茗荷、蘆筍、食用菊類、**小玉西瓜**、**甜瓜**、南瓜、**苦瓜**、山藥、茼蒿、水芹菜、薤 | 葉菜類與攀爬性蔬菜 | 蠶豆、**豌豆**、**長豇豆**、**枝豆（晚生）**、**甘藍**、水菜、青梗菜、小松菜、茼蒿、葉萵苣等 |
| **植株長得高、栽培時間長的類型**<br><br>大約於10月底就會收穫完成 | **茄子**、**芋頭**、**生薑** | 播種、定植在10月下旬 | **春季甘藍**、青花菜、春季蘿蔔、二十日蘿蔔、蕪菁、小松菜、水菜、苦芥菜、芥子菜、球莖甘藍、青梗菜、菠菜、茼蒿 |
| **植株長得高、栽培時間短的類型**<br><br>大約10月上旬就會收穫完成 | **番茄（大番茄、中番茄、小番茄）**、胡瓜、**菜豆（攀爬性、無攀爬）**、玉米、秋葵 | 播種、定植自9月開始 | 蘿蔔、**甘藍**、萵苣、**白菜**、青花菜、花椰菜、青梗菜、水菜、芥子菜、苦芥菜、小松菜、二十日蘿蔔、蕪菁、菠菜、茼蒿、葉萵苣等 |
| **植株長得低的類型**<br><br>大約10月上旬就會收穫完成 | **甜椒**、**青椒**、**辣椒**、**枝豆（早生、中生）**、落花生、玉米、秋葵、洋蔥 | 播種、定植自9月開始 | **白菜**、洋蔥、**甘藍**、青花菜、花椰菜、萵苣、蘿蔔、水菜、芥子菜、苦芥菜、青梗菜、小松菜、二十日蘿蔔、蕪菁、菠菜、茼蒿、葉萵苣等 |
| **根菜、葉類型** | **馬鈴薯**、**牛蒡**、甘薯、青蔥、洋蔥、**草莓**、小松菜、**甘藍**、青梗菜、菠菜、茼蒿 | 播種、定植自7月開始 | 胡蘿蔔、青蔥、韭蔥、洋蔥、菠菜、水菜、芥子菜、苦芥菜、青梗菜、小松菜、二十日蘿蔔、蕪菁、茼蒿、葉萵苣等 |
| **種植在農田邊界、畦間的類型** | 紫蘇、分蔥、韭菜、大蒜、薤、香菜、明日葉、食用菊類 | 依種植、收穫的順序 | 山芹菜、**芹菜**、分蔥、薤、孢子甘藍 |

註1：適合複數類型的作物各自記錄在裡面。
註2：秋冬季蔬菜請考慮種植時期與收穫時期，選擇符合自己農田的種植。
註3：粗體字是要避免連作的蔬菜。

（資料：齋藤進「能做得更好的市民農園」農文協）

# 挑戰在哪裡（盆缽栽培）

## 盆缽與農地不同

在農田栽培與在盆缽栽培條件下，對作物而言有什麼區別？若能了解各種優點、缺點，就可享受種植蔬菜的樂趣。在屋頂、陽臺及屋簷等狹小空間，開始以盆缽種植，可以收穫到比預期更高品質的蔬菜。

以盆缽栽培最大的優點是病蟲害少，且可以做精緻的管理。如果是在家裡栽培的話，不僅是想食用的當下就可以採收，還能吃到新鮮又高營養價值的蔬菜。

盆缽栽培的缺點是土壤中的環境，是與農田最大不同的地方。種植在農地的作物根系，對氧氣、水分、肥料有需求時，其根系可向四面八方與土壤深處自由地生長擴大延伸。相反地，因盆缽內的作物根系生長受到限制，在狹小空間裡，就像塞滿人員的電車狀況一樣，根系無法延伸。

由於讓根系生長的土壤空間很小，土壤（培養土）所含的空氣、水分及肥料的量，與農地的差異很大。

## 盆缽土壤的排水性、通氣性很重要

選擇盆缽的培養土時，有3項重要事項：①排水性與通氣性；②適當的保水力與保肥力；③有機質的量。①是最重要的，如果排水良好，不用擔心發生根腐，可以大量澆水。針對第②項，由於盆缽的土壤容易乾燥，因此在頻繁澆水狀況下，肥料容易流失。對③項而言，保持通氣性與保水性，可增加土壤內的微生物，而添加有機質對改善土質的效果是可以期待的。此外，在有機質中所含有的微生物，可以幫助作物根系吸收營養。因此將市售的培養土與一般土壤進行混合的話，具有調整這種現象的效果。

盆缽土壤的溫度容易上升，必須要頻繁灌溉。灌溉用意，除補充水分外，還具有幫助吸收肥料的作用，相對地，也有將有害物質與多餘肥料成分排出的功用。

## 選擇盆缽的方法

因爲盆缽栽培的缺點是所使用的土壤量少，因此盆缽越大越好。但是，盆缽越大時移動就越困難。選擇的標準就是在塡入土壤狀態下仍然能自己搬運。若是第一次使用盆缽的話，先不挑選作物的種類，建議選擇45L容量、可輕鬆使用的盆缽。

此外，可裝塡20～30L的肥料袋與沙袋，或保麗龍箱等，可再回收來取代盆缽使用。若是袋子，可將底部的兩端切除，而使用箱子，則在底部打洞後使用。

# 盆缽栽培時的必要資材

## 使用排水良好的資材

排水不良

水

相對水分而言更需要氧氣

因為無土壤顆粒間隙，水分不易流通

雖然粉狀用土壤保水性佳，但在缺氧狀態下容易發生根腐現象

排水優良

水

不管水分或氧氣都可吸收

土壤顆粒間隙大時，水流通快，可保持氣體暢通

流出

澆灌時可將有害物質與多餘的肥分排出，讓新的空氣進入

在根系空間狹小的盆缽中，根系為了能吸收到水分、肥料、氧氣，會沿著盆缽壁側邊呈競爭性生長。若是使用排水良好的土壤，就會很容易吸收到水與氧氣，而根系也會呈分散生長

## 利用廢棄資材取代盆缽

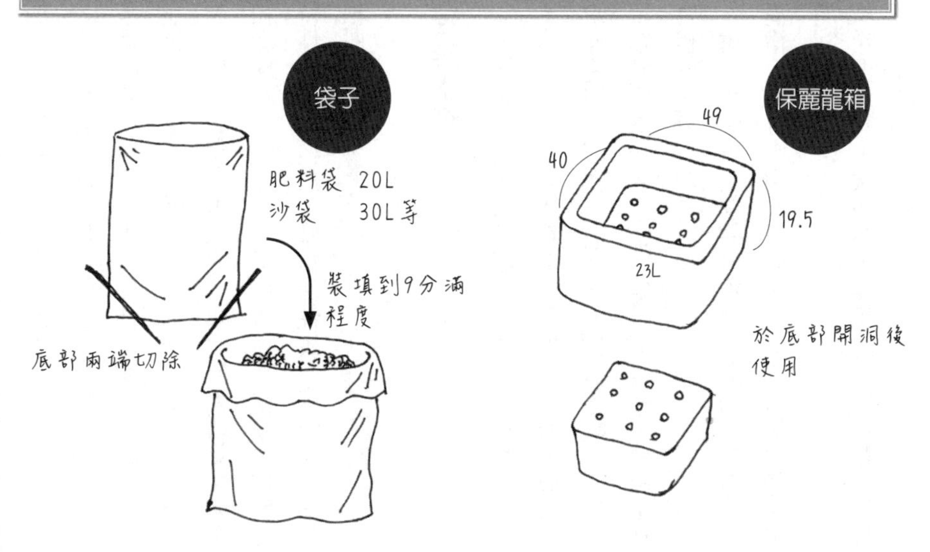

# 嘗試自己製備土壤（盆缽栽培）

## 盆缽栽培用土壤的要求

在土壤用量被限制的盆缽中，氧氣往往比在農田更容易缺乏，因此必須要有能充分提供足夠氧氣的土壤。即使在施用肥料與水分下，如果根系因缺氧而沒有活力的話，也無法吸收養分與水分。

若於盆缽內施用未腐熟堆肥與有機質肥料時，有害微生物與有害物質可能會在狹小的盆缽內蔓延。這點也必須要注意。堆肥只限使用已經完全腐熟的產品。

## 數種土壤的組合

如果盆缽只裝填1種土壤時，無法成為適合栽種的土壤。因此，有必要將幾種土壤混合製備成適合該目的的土壤。理想的土壤是排水良好，且兼具保水力與保肥力的土壤，像這類組合的市售土壤也有很多種類。但是，如果能了解基本概念的話，則不難做出符合自己的土壤。

最基本可使用的土壤，可以使用身邊附近的農地或花園中有的土壤。若是以購買方式，可購買便宜的紅土、赤玉土、黑土等資材。特別是赤玉土排水性與通氣性都非常好。

基本用之土壤比例為6對3或4之分量添加，即可成為植物用土壤。如完全腐熟的堆肥、腐葉土、泥炭土等都符合。植物可使用的土壤，具有改善排水性與通氣性的特性，並提高肥效與保水性的效果。此外，有益微生物也會增加，所使用的土壤會變得更富饒。

一般來說，基本使用的土壤與植物使用的土壤可以製備成盆缽栽培用的土壤，此外還能添加調整用土壤，以補充植物用土壤的機能。在這種情況下，可以混合土壤總量約5～10％的調整用土壤。如能提高通氣性與保水性的蛭石和珍珠石。此外還有可以增加有益微生物與吸附有害物質特性的碳化稻殼、椰纖活性炭、沸石等，同時亦具有防止根腐病的效果。

## 改善排水性

根據填充所使用土壤的方式，可以製成排水狀態良好的土壤。在標準盆缽栽培，首先，在底部放置排水板可使排水性變好。而在上面則鋪上切成2cm見方的浮石或保麗龍，鋪的厚度為2～3cm。最上面再填充已將數種用土均勻混合後的土壤。

填入所使用土壤的量約為容器的9分滿，並在兩側製作溝槽。然後向中心填裝，製成圓弧形狀態，可以使排水變好。

除上述基本做法外，要了解所培育蔬菜的特性，而使用土壤的組合等也要下工夫。

# 自家配製的盆缽用土壤

## 使用土的種類添加方式

### 手工製用土的混合例子

赤玉土

具有優異的保水性與保肥性，排水性也不錯的基礎土壤（日向土也是）

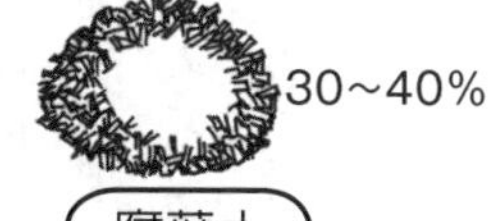

30~40%

珍珠石

通氣性與保水性高且重量輕

腐葉土

排水性與通氣性良好，可增加土壤中的微生物

市售的用土

花與蔬菜的土壤

各種用土的組合比例平均是優質產品

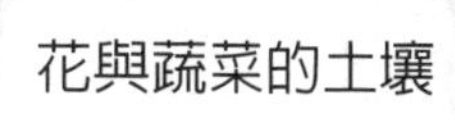

若作為肥料（基肥）使用，於栽培期間不要施用

填裝約容器的9分滿，盆缽兩側挖出溝槽，中央製成圓弧狀土形（為了讓排水良好）

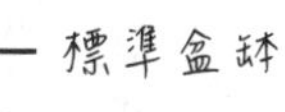

標準盆缽

溝槽內施用水與肥料

將浮石、缽底的石、保麗龍切成2cm見方的大小等（2～3cm）

排水板（使排水良好）

儲水空間

（資料：上岡譽富「簡單！盆栽菜園的技巧」農文協）

# 有限土壤的有效施肥法（盆缽栽培）

## 調整肥料的施用量很困難

盆缽栽培的用土量很少，因此需要頻繁澆水，「肥傷」（施肥過多造成根系受損）與「缺肥」（施肥過少造成營養不良）容易發生。肥料施用時的重點，是一點一點地施用，讓根系習慣，但即使是這種方式施肥，也可能會發生肥傷的情形。在這種情況下，可透過澆水方式稀釋肥料的濃度，並控制追肥的施用，即可改善肥傷的症狀。相反地，當肥料缺乏時，葉子的顏色會變黃。

基於以上理由，具有速效性的化學合成肥料，在盆缽栽培中很難使用。雖然在作物初期生長不良時，將化學合成肥料一次性施用會出現效果，但訣竅是要經常性地少量施用。此外，盡可能使用大的盆缽，並施用含有大量完全腐熟堆肥的土壤，可以讓肥效保持良好狀態。施用追肥的場合，施以少量化學合成肥料就可以了，所以可以利用小湯匙施肥，不要施用太多就可以。

## 推薦使用緩效性肥料

如果是每隔5～10天定期施用追肥，可以輕鬆透過施用液肥來取代澆水（灌溉）。但是，缺點是肥料容易流失。推薦的方式是分批使用少量的水溶緩效性肥料，因施肥頻率低，所以工作效率也比較好。

在緩效性肥料中也有推薦的產品，如與含有異丁基縮合尿素（IBDU）組合的「ＩＢ複合肥料」。其中肥料成分於水中具有緩慢溶解的特性，肥效的有效期限爲40～100天。由於盆缽栽培澆水的次數很多，因此在最短時間約20天間隔就要施用1次。請使用可記錄品種名、播種日期、定植日期、施肥日期的園藝用標籤黏在盆缽上，對了解下一次施肥的時間非常便利。

## 依施肥位置會有效果上的差異

施用液體肥料以外的肥料時，依施肥的位置，效果會有差異。

不管是基肥或是追肥，溝渠施肥都會有效果。施肥的位置最好不要靠近植株基部，可沿盆缽邊緣或行間溝槽，施用緩效性肥料。施肥後可在上方鋪一些土壤，澆水時也要沿著溝槽進行，讓養分慢慢滲透到土壤中，此時就不用擔心發生肥傷的問題。

在生長的後期，由於根系的蔓延而無法再挖掘溝槽時，可以將肥料直接撒在土壤上。由於肥料與土壤的接觸面積小，因此肥效緩慢，肥料會長時間慢慢將肥效釋出。

# 掌握如何在盆缽栽培下使用肥料

## 溝渠施肥的操作方法

溝間
株間
盆缽的側邊（緣）
肥料施用的位置
× 不要施用在植株基部！根系發生肥傷是導致枯萎的原因
在肥料的上方鋪上土壤
挖掘溝渠並放入肥料

## 依施肥位置的不同，使用讓肥料有效的方法

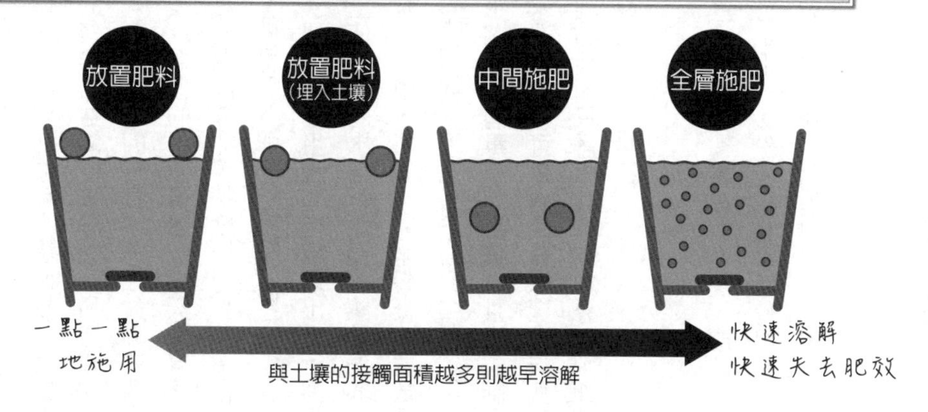

# 土壤的回收利用法（盆缽栽培）

## 1年1次，使用過土壤的改良

使用過的土壤，隨著農作物的栽培，其品質不可避免地會惡化。土壤中所含的有機物質被分解，團粒化的土壤會變成單粒化，使排水與通氣性變差，土壤的pH值也會變成酸性，使病蟲害更容易發生。

然而，即使是劣化的土壤，若能進行適當的改良，可以重複使用很多次。一個盆缽在1年進行2作的場合，使用過的土壤最好每年進行改良1次。但是，若是屬於容易發生連作障礙的作物，則不宜連續種植。

## 使用過土壤的再生方法

**①利用前期作物的殘留物**：使用過土壤的再生方法有很多種，但最簡單的方法是活用前期作物的殘留物。首先，將前期作所物殘留的物質乾燥並切碎，再與化學合成肥料混合（1L的殘體加入2～5g化學合成肥料）。化學合成肥料中的氮素可使微生物繁殖，進而促進有機殘留物的分解。這些物質可鋪在盆缽底部作為下一期之用，上面再填入混合堆肥與苦土石灰之前期用土。

**②太陽光、太陽能消毒**：是一種活用太陽的力量將用過土壤消毒的方法。若不擔心舊土中的病原菌時，則先將殘體與異物清除後，將其均勻薄鋪在白鐵皮板上，然後在陽光下曝曬1～2週，直到變乾。如果所在地是寒帶的話，於冬季將其放置在室外，可透過低溫來殺菌。

其他還有將前期的盆缽土壤直接使用並進行消毒。將前期作物的殘體自盆缽中去除後，填入以10L的落葉與土壤混合20g石灰氮素的物質，並在盆缽中澆滿水。之後再用大塑膠袋或類似的東西覆蓋，夏天放置2週，冬天放置1個月左右。偶爾攪拌讓熱度均勻分布。白天的水溫可達50℃以上，可殺死大部分有害的病菌。

還有一種將盆缽用過的土壤取出進行消毒的方法。將其鋪在薄板上使用過的土壤以水澆灌讓其溼潤。之後，將其放入黑色垃圾袋中，將袋口完全繫緊，並放置在室外。於太陽光下曝曬約20天～1個月，可以有效地進行消毒。

**③熱水、蒸汽消毒**：如果舊土量少的話，可以放入容器中用熱水消毒，也可以用儀器以蒸汽方式消毒。如果土壤顆粒很細的話，只需將其煮沸30分鐘，即可殺死大部分有害的病菌。

＊

用這些方法進行消毒後的土壤，應該要充分乾燥，然後以5份再生土、2份赤玉土、3份腐葉土及少許的木炭混合，可於下一季作物栽培用。

# 盆缽用土的再利用

## 使用過之土壤的再生與利用法

①　將栽培後的土壤自盆缽中取出，經1～2天晒乾後，用粗網篩將盆底殘留的石頭與土壤分開。

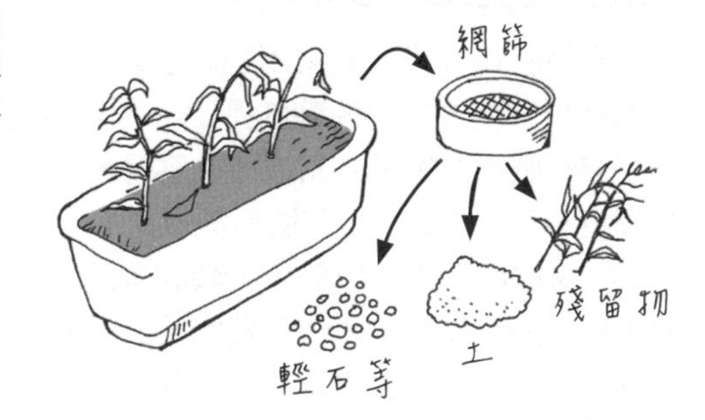


②　所得土壤用細網篩再篩一次，去除不適合種植蔬菜之粉狀太細的土壤（可用於庭院土壤等）。混入所含土壤之20%量的堆肥（樹皮堆肥、腐葉土、自製等）與適量的苦土石灰（若為10L盆缽，加入約13g）。

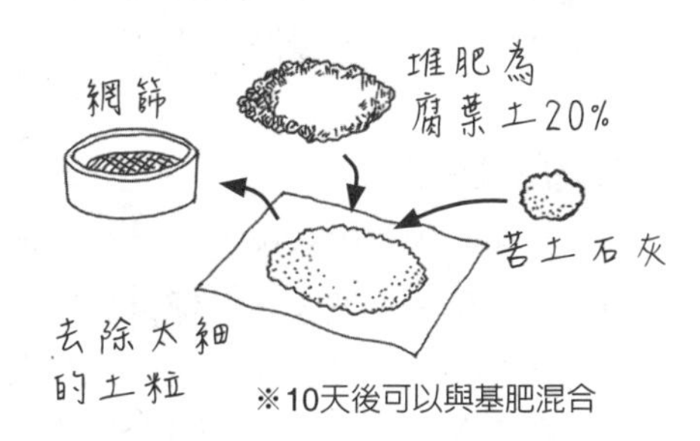


※10天後可以與基肥混合

③　將植物殘體與粗根切細，並堆放在一處晒乾。每1L混合約2～5g的化學合成肥料。

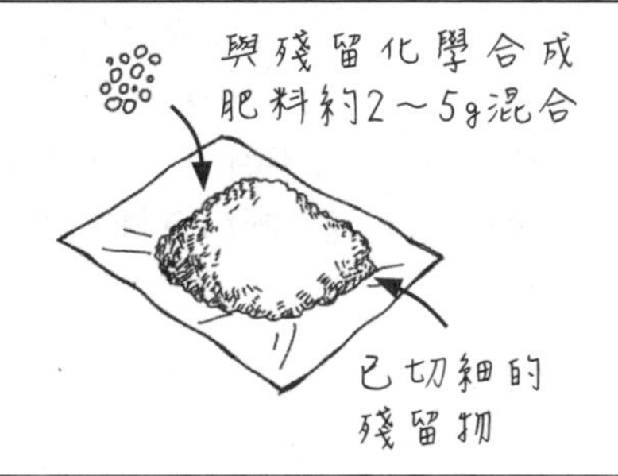


④　將盆缽的底部放置柵狀踏板，將③中的植物殘體放入1～2cm厚，再填入②中所得再生後的土壤到9分滿即完成。

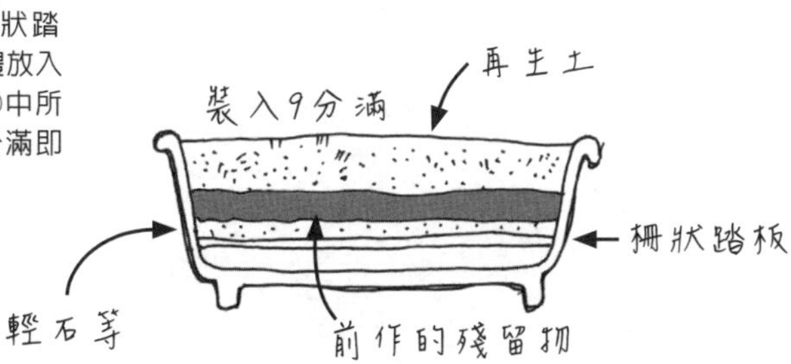


（資料：上岡譽富「簡單！盆栽菜園的技巧」農文協）

# 家庭菜園用的資材

## 什麼是家庭園藝用肥料

市售肥料分成「農業用肥料」與「家庭園藝用肥料」，這2種肥料依日本肥料管理法有很明確的區別。家庭園藝用肥料必須滿足2個條件。第一，裝有肥料的袋子必須放置在容易看到的場所，且明確標示為「家庭園藝專用」。第二，裝袋的肥料淨重量必須在10kg以內。

在家庭園藝中，由於所生產的產品無法作為商品出售，因此對家庭園藝用肥料的規範採取比較寬鬆的管制措施。家庭園藝用肥料內的肥料濃度可稀釋，且可與維生素及部分農藥混合使用，因此保證表上所標註事項亦可簡化。自1980年代後期以來，家庭園藝迅速普及，為滿足消費者的需求，法規在管制上變得比較寬鬆。

## 園藝用栽培土

市售的園藝用栽培土，包含自製使用的赤玉土與泥炭土，或鹿沼土等單一種土壤，以及含有各種資材混合而成使用的簡單培養土。特別是以盆缽栽培的場合，會購入很多不僅用於播種也可用於育苗的栽培土。

在很多以泥炭土為主體的商用栽培土，不用以土調配就可以直接使用，而且很多產品已經含有肥料。除泥炭土外，還混合有蛭石與珍珠石等，依其用途可分為播種或育苗等。

不僅只有栽培土與肥料，對農藥等資材也一樣，家庭用園藝資材的變化越來越多。方便的東西很多，但重要的是，要選擇可與植物生長配合的資材。即使是家庭園藝用資材，如果能配合得好，也很可能會栽培出專業級的作物。

# 環境的時代——土壤與肥料的未來

以高級化學合成肥料爲主所進行的栽培方法，已導致土壤惡化與汙染環境。
現今的農業問題呈現多樣化，不僅與人類健康有關，也要考慮環境因素。
此外，由放射性物質所造成的土壤汙染也是一個嚴重的問題。
在本章中，讓我們思考土壤要何去何從，而肥料又應該要如何使用。

# 肥料的歷史與問題

## 自製肥料的時代——活用地域的資源

所謂的肥料，可作爲植物生長所需的養分，是透過人類施用的產物。肥料與人類的關係在1萬年前開始，約爲舊石器時代結束時，即人類將作物栽培作爲食材的時候。

當時沒有意識到施肥是從所謂的「火耕」開始。在焚燒天然樹木與植被後所殘留的灰分，將其撒布後對作物生長有幫助。然而，在火耕農業栽培中，除非每隔幾年更換一次土地，否則農作物無法獲得足夠的養分。而能夠完全以定植農業操作的地方，是自歐洲建立了輪作農法之後。在日本，輪作並不發達，因此只有可以進行連作的水稻田農業被支援定植。

開始積極施肥，則是利用勞役牛的糞便與稻稈囤積的廄肥、公共地點所割完後的草屑，及紫雲英等綠肥。

## 肥料商品化的時代——購買「金肥」

在日本江戶時代，由於社會穩定，商業化農業發達。當時的重要經濟作物是關西產的棉（木棉）與關東產的桑樹（養蠶）。爲了栽培這些植物，常會購買具有高肥效的菜籽粕與魚渣之「金肥」。此外，江戶與大阪等大型城池下村町周邊農村，常成爲蔬菜的供應基地。具有速效且適合作爲肥料的是圍繞城池村町所產生大量的人類糞尿，這些物質作爲中間商交易的金肥，成爲可再回收利用的肥料。

在19世紀的歐洲，海鳥糞（海鳥糞的化合：P）、智利硝石（N）及鉀鹽（K）等被作爲3要素之無機肥料利用。這些資材，日本也進口了。

## 化學肥料的時代——多肥集約型農業

日本最初生產的化學肥料，是於1888年（明治21年）被國產化的過磷酸鈣。之後於1901年（明治34年）硫酸銨被國產化，於昭和初期取代了油粕與魚渣。從20世紀後半開始，以硫酸銨爲中心的化學肥料達到了全盛時代。因爲尿素、氯化銨、熔磷是日本最初透過工業化生產的產品，作爲高級化學合成肥料的重要產品，支援了多肥集約型農業。

然而，大量施用化學肥料的農業，引起了土壤養分過量化或不均化，甚至肥料養分會逕流到河川或湖泊，是造成富營養化等環境汙染的原因。

## 環境保全型肥料、施肥的時代

現在需要解決的問題，是要將對環境的負擔抑制到最小，而且是要做到低成本、環境保全型農業。選擇可抑制過剩養分流失機能肥料，就像自製肥料時代一樣，活用當地的資源進行再回收利用。因此農牧業合作、生產消費合作是必需的。

# 肥料的歷史

## 自製肥料的時代

1. 火耕——草木灰的活用
2. 輪作——生態的地力維持（休閒、豆科作物）
3. 廄肥、草屑、綠肥

## 肥料商品化的時代

4. 魚渣、菜籽粕、人糞尿（17世紀，日本）
5. 骨粉（18世紀，歐州）
6. 海鳥糞、智利硝石、鉀鹽（天然無機3要素肥料）

## 化學肥料的時代

7. 過磷酸鈣（1843年，英國）（1888年，日本國產化）
8. 空中氮素固定與硫酸銨（1913年，德國）
9. 尿素（1948年，日本）
10. 氯化銨（1950年，日本）、熔磷肥（1950年，日本）
11. 高級化學合成（自1962年開始生產）
12. 加入苦土（鎂）等附加價值肥料（1960 年代以後，日本）

## 環境保全型肥料——施肥的時代（現代）

13. 不提高土壤濃度的機能性肥料
14. 地域資源活用（家畜糞、廚餘等）
15. 農牧（農耕與畜產）合作、生消（生產者與消費者）合作

# 肥料的流通與資材狀況

## 需要量減少、原物料價格上升

日本國內肥料市場的規模，大約為4096億日圓（2011年度）。比農藥（約3370億日圓）還高。從出貨量種類來看，高級化學合成肥料最多，其次是複合性肥料、普通（低級）化學肥料，及屬於單肥性的硫酸銨、尿素、過磷酸鈣等占多數。

日本國內的需求量，因耕地面積減少，故單位面積所需的施肥量受到抑制（特別是水稻，因重視稻米口感的關係，不再施用追肥等，導致肥料逐漸減量）。

而全球的狀況，在人口增長與飲食習慣改變使糧食需求增加的背景下，肥料需求每年大量增加，使原料價格飛漲。掌握80%肥料供應量的日本全國農業協同組合連合會（簡稱全農），增加進口國外（約旦）含豐富且低價之氮（N）、磷（P）、鉀（K）等原料所製成的高級化學合成肥料，並將這些單一肥料混合成BB（粒狀複合）肥料來擴大使用等，嘗試阻止低價肥料供給需求下降的狀況。

## 「家庭園藝用」增加，流通也發生變化

從日本國內對肥料需求的使用類別來看（下頁），用於稻作占了一半以上，旱田作物與果樹等農業園藝作物占30%以上，家庭園藝占7%以上。其中家庭園藝用肥料，因家庭菜園愛好者的普及與對園藝喜好的熱潮需求增加，肥料供給量正在增加。

日本國內的肥料通路可分為「系統」與「商系」2種。系統通路是屬於JA組織（全農）的通路，從肥料製造業者透過全農本部、都道府縣總部再到各地的JA組織販售窗口，之後再到出售給各農戶。而商系通路，則是自肥料製造業者透過原販售公司、代理業者交付給零售商（部分到JA），之後再出售給農戶、使用者。

肥料零售店正在增加中，全國各地的賣場都有。在大公司的連鎖店內，不僅販售家庭園藝用肥料，其中還有價格比JA便宜，且對肥料需求量大的農戶所提供之肥料種類的策略，這些連鎖店在農村地區的店鋪數量正在增加。

## 如何因應原料資源的枯竭

作為肥料原料的資材，不管是含磷礦石或含鉀礦石，日本全都需要依賴進口。資源分布不均，特別是磷礦石的枯竭令人擔憂，但因摩洛哥等地發現了新礦床，枯竭時間可延長120多年。儘管如此，全球的需求正在增加，很難預期磷酸原料價格會下降。

因此，對日本的磷酸資源重新進行評估是非常重要的。農地所累積的「磷酸存款」要很有效地將它取出來。如何將含有高濃度磷酸的地下道汙泥等安全再利用，也是未來重要課題，這種實際的案例越來越多。

# 肥料的現狀

## 肥料需要的用途別與比例

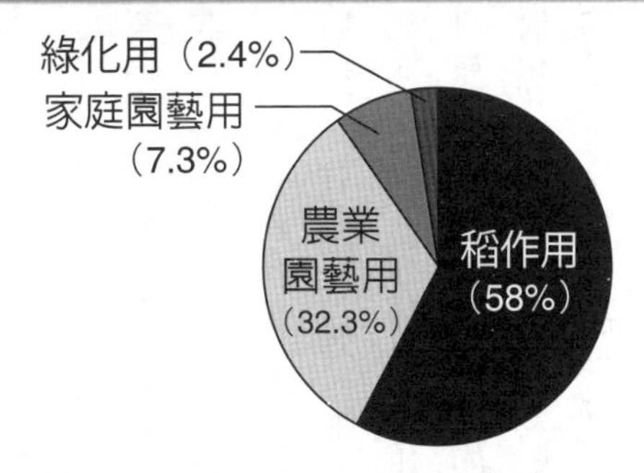


## 化學肥料的通路

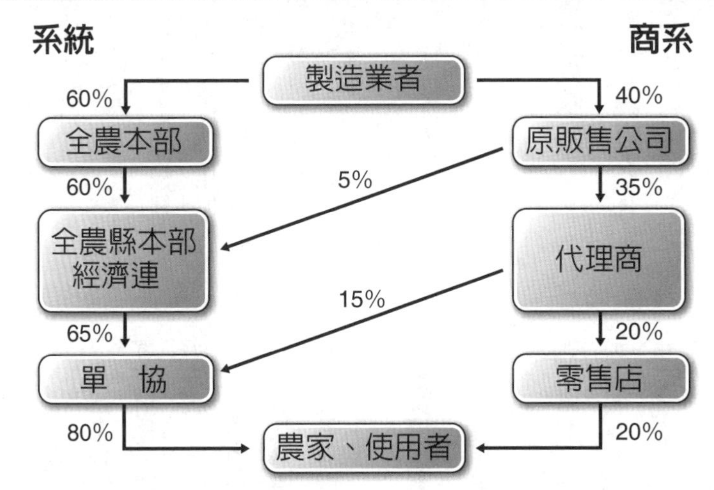


註：%的數字是表示出貨所占比例　　　　（資料：農水省生產局，平成17 年度）

## 肥料原料的進口國

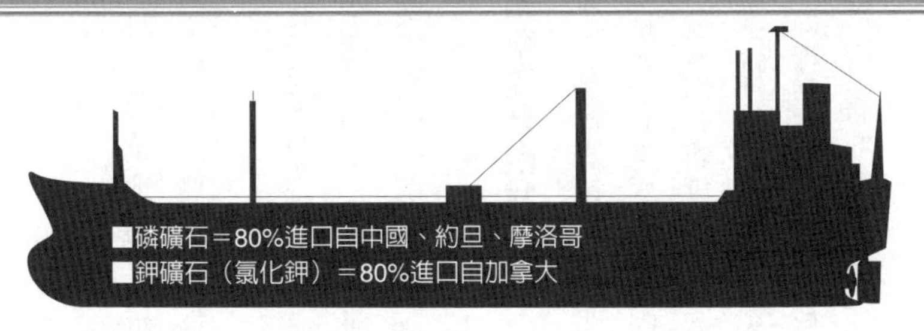

# 克服作物的放射線汙染

## 與鉀混淆而將銫吸收了？

日本東北與關東各地的農地，因福島第一核電廠事故，受到了放射線汙染。雖然清除放射性銫的策略已長時間持續進行，但爲了讓銫不被作物吸收，因此想介紹一個非常有趣，鉀肥可以防止作物吸收銫的實際例子。

原本，銫對植物來說是一種不必要的有毒元素。沒有植物會積極吸收銫元素。然而，銫會被錯認爲鉀而被吸收。銫會錯誤被吸收的原因爲鉀與銫的化學性質相似。

這種錯誤的程度，會因植物不同而有差異。在已知的植物中，莧科的莧菜、藜科的菠菜、蓼科的蕎麥等吸收銫的能力很強。而在雙子葉植物也有像較原始的種類，如莧科與蓼科，其分辨鉀與銫的能力很低。菠菜常會發生因放射線超出標準導致出貨受限的情形，最初因爲有蔬菜對銫的需求量比較多，所以會吸收大量的銫元素。

## 積極施用鉀肥，可減少銫元素的吸收

土壤中若大量施用鉀肥時，對銫元素的吸收量會減少，這在車諾比事件後的相關研究中已獲得證實。即鉀元素很充足的話，就可以減少吸收銫元素的機會。此外，在金屬容易離子化的酸性土壤中，銫元素的吸收量也會增加。

因此，讓銫元素不被作物吸收的對策，有如下所述3種。

①若是屬於酸性土壤的話，就要施用石灰資材讓pH值上升。

②多施用鉀元素。

爲了實現①與②，將未受汙染地區所得疏伐材料等燃燒使用後，將剩餘的「木灰」用於農地，是爲一石二鳥的好主意。

③不要種植很會吸收銫元素的莧科與藜科作物。

與其考慮如何去除土壤中的銫元素，目前最現實的處置方式是考慮如何讓土壤中的銫元素不要汙染農產品。

## 人體也可攝取鉀元素來提升自我防護

人體也與植物一樣，若能攝取富含鉀元素的飲食，就會降低人體組織吸收銫元素的速度。如果因爲害怕輻射能而將蔬菜煮得很熟，就會同時將鉀元素給去除掉。相反的，最好是要大量攝取富含鉀元素的生鮮蔬菜。過量的鉀元素會從尿液中排出。同樣幸運的是，類似於鉀元素的銫元素也會透過相同的途徑排出體外。

# 銫元素的去除

## 讓銫減少移行的栽培

依作物種類，為了抑制吸收土壤中的放射性銫，能吸附鉀元素之資材*的施用栽培方法。
＊ 吸附資材有沸石等

## 減少作物對放射性銫吸收的 3 個條件

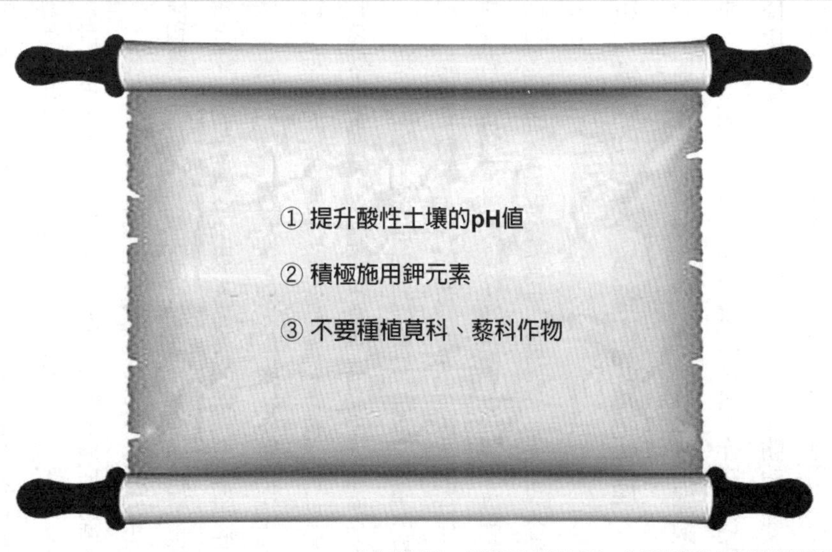


●參考資料：「鉀元素與銫元素－放射線對策中未說明的關係」
（生物工學第90卷。東京大學大學院　有田正規副教授）

# 結合環境、資源與健康

## 重視環境、不做浪費性施肥

在資源枯竭已成爲問題的環境時代下，日本使用的化學肥料原料（磷礦石與鉀礦石等），完全是依賴進口。在持續依賴國外進口之多種肥料農業操作中，目前在進行土壤診斷時，儲存有大量磷酸與鉀元素的農田越來越多。過剩的肥料養分會汙染地下水源，造成河川與湖泊富營養化等，對環境的負擔變得更高。

於有機質肥料亦相同，如廣泛應用的油粕與魚渣等，大都爲進口。也包含了骨粉，這些資源都是有限的。

化學肥料與有機質肥料，各有其優缺點，不管是哪種肥料，過量施肥都會引起不良影響。

從現在開始的肥培管理，必須要對有機質肥料與化學肥料的特性十分了解，讓各種肥料之肥效能形成互補關係，提高收穫量與品質，且在配合技術下不浪費肥料。

## 各地肥料的資源合作利用

在日本，不管是食品原料或飼料都大量進口，這些物質所包含的養分，最後變成家畜糞便與下水道汙泥，或是廚餘等有機性廢棄物累積在國內。若將這些廢棄物作爲肥料資源，適當透過農地進行還原再利用的話，有助於土壤改良與減少化學肥料，且可與地域的環境保護連結在一起。

將家庭所排出的廚餘堆肥化，並透過農地努力將其還元再利用也正在普及。建立生產者與消費者之間的「生消合作」，即是以當地所收穫的農產品供給當地人食用，形成「自產自銷」，這種方式有助於建構地域性的循環型社會。

此外，農民之間如何合作利用地域資源也很重要。稻作和農作的農民與畜牧業者的畜牧糞便連結，也正進入「農牧合作」的新階段。由於畜牧量的增加，而這些無法透過農地還原利用的畜牧糞便，依日本畜牧排泄物法的實施，禁止露天堆放等不當處理，因此將這些物質進行堆肥化，只將畜牧糞便堆肥作爲「堆肥稻作」的情形也正在增加中。

現今，在土壤與肥料的世界中，化學肥料與有機肥料、有機資材的合作，消費者與生產者的合作，甚至是農耕業者與畜牧業者的合作等，從現在開始以朝向地域資源活用、環境保全型農業爲未來目標，是不可欠缺的組合。

## 以「健康的土壤」為基本的施肥管理

而現在，「環境」與「資源」之後的關鍵字詞是「健康」。所謂的健康，是土壤的健康、作物的健康及人類的健康。要了解土壤健康的特性，就要開始對其進行診斷。作物的健康，其關鍵是依有機物質的施用來提高與恢復土壤養分的均衡，而適當施肥也會透過健康的作物來支援人類的健康。

## 未來透過連結的各種合作

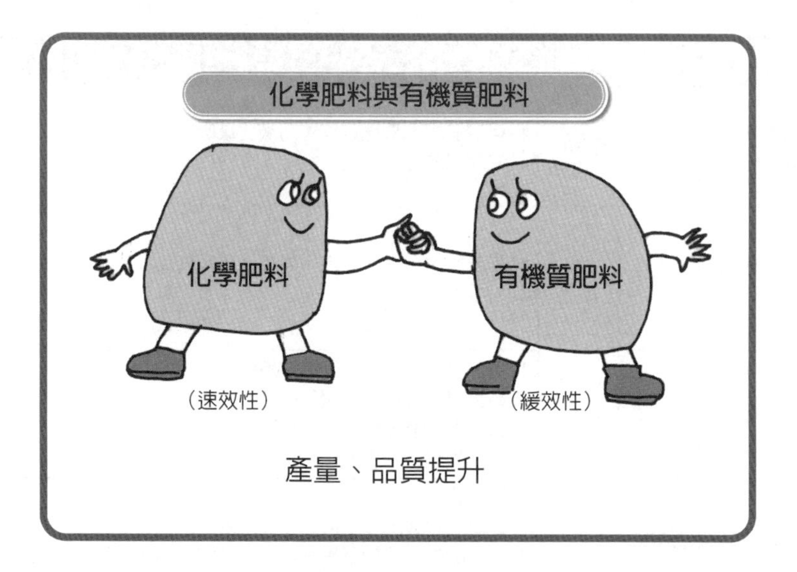


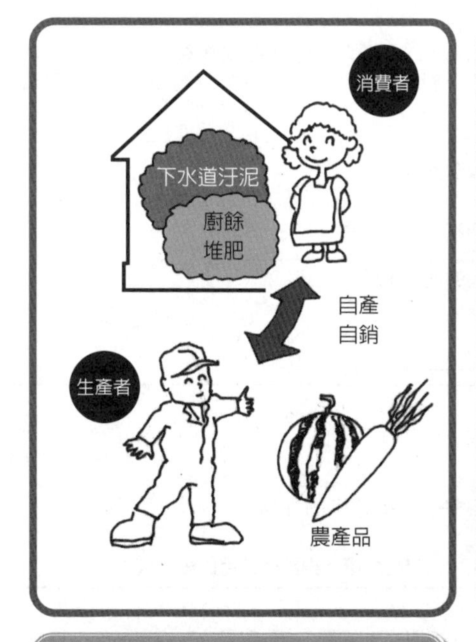


生消合作

農牧合作

| 肥料的分類與種類 | | 使用原料 | 特性 |
|---|---|---|---|
| 鉀肥料 | 硫酸鉀（硫鉀） | 氯化鉀、硫酸 | 1. 可溶於水，具速效性，可被土壤吸附<br>2. 生理的酸性 |
| | 氯化鉀（氯鉀） | 鉀礦石 | 1. 易溶於水，具速效性，可被土壤吸附<br>2. 生理的酸性 |
| | 矽酸鉀 | 微粉炭、燃燒灰、氫氧化鉀、氫氧化鎂 | 1. 具檸檬酸溶解性與肥效持續性<br>2. 矽酸具可溶性，可與鉀結合<br>3. 含具檸檬酸溶解性的鎂與硼<br>4. 化學的鹼性（約pH 11） |
| 鈣肥料 | 石灰石 | 石灰石 | 1. 與水會產生激烈反應並發熱，要注意保管<br>2. 容易吸溼與吸收二氧化碳而凝固<br>3. 因強鹼性，故施肥量只需碳酸鈣的55%，施肥後約10天再播種與定植 |
| | 熟石灰 | 石灰石 | 1. 會因吸收二氧化碳而體積變大，要注意保管<br>2. 因具強鹼性，施肥量只需碳酸鈣的75%，施肥後約7天再播種與定植 |
| | 碳酸鈣（碳鈣） | 石灰石 | 1. 含碳酸，會溶於水<br>2. 弱鹼性<br>3. 施肥後對作物無直接傷害 |
| | 苦土石灰（苦土鈣） | 白雲石 | 1. 作為鈣與鎂的補給使用<br>2. 屬緩效性效果<br>3. 弱鹼性<br>4. 施肥後對作物無直接傷害 |
| 鎂肥料 | 硫酸苦土（硫鎂） | 硫酸鎂、硫 | 1. 速效性<br>2. 生理的酸性 |
| | 氫氧化鎂（水鎂） | 水鎂石與海水等 | 1. 具檸檬酸溶解性，適合長期性作物<br>2. 化學的鹼性<br>3. 因磷酸不足，在酸性土壤下與磷酸合用比較有效 |
| 矽酸質肥料 | 礦渣矽酸（矽鉀） | 製洗礦渣 | 1. 不易溶於水<br>2. 因具強鹼性，對改良土壤酸性也有效果<br>3. 效果為緩效性 |
| | 輕質氣泡混凝土粉末 | 輕質氣泡混凝土 | 1. ALC（建材）殘渣與粉末化肥料<br>2. 作為矽酸質肥料的效果很高 |

（資料：「奈良縣農作物的施肥基準」）

# 主要肥料的特性

| 肥料的分類與種類 | | 使用原料 | 特性 |
|---|---|---|---|
| 氮素肥料 | 硫酸銨（硫銨） | 銨、硫酸 | 1. 具速效性且容易被土壤吸附<br>2. 生理的酸性（硫酸會殘留）<br>3. 適合豆類、柑橘類、茶等好硫性作物 |
| | 氯化銨（鹽銨） | 氯素、銨 | 1. 具速效性且容易被土壤吸附<br>2. 吸溼性<br>3. 生理的酸性（氯元素會殘留）<br>4. 適合菠菜、甘藍、芹菜等，但不適合菸草與芋類作物 |
| | 硝酸銨（硝銨） | 銨、硝酸 | 1. 具速效性，但硝酸性氮素容易流失<br>2. 吸溼性強<br>3. 生理的中性<br>4. 被指定為酸化力強的危險物 |
| | 硝酸石灰 | 硝酸、石灰石 | 1. 易溶於水，具速效性，容易流失<br>2. 具吸溼性，潮解性強<br>3. 生理的鹼性<br>4. 常用於施設栽培、水耕栽培 |
| | 尿素 | 銨、二氧化碳 | 1. 易溶於水，具速效性<br>2. 轉變成碳酸銨時會被土壤吸附（施肥後約2天）<br>3. 吸溼性<br>4. 生理的中性<br>5. 要注意於設施栽培中可能會出現氣體障礙 |
| | 石灰氮素 | 氮素、碳酸鈣 | 1. 雖然主成分易溶於水，但因氰胺無害，要轉變成有效的銨，需要1～2週的時間<br>2. 雙氰胺在分解過程中可抑制硝化作用，相較之下肥效比較長<br>3. 具抑制雜草、土壤病害等效果 |
| 磷酸肥料 | 過磷酸石灰（過石） | 磷礦石、硫酸 | 1. 具水溶性與速效性，容易受土壤固定<br>2. 生理的中性、化學的酸性（約pH 3）<br>3. 含有約50%的石膏 |
| | 熔磷肥（熔磷） | 磷礦石、蛇紋岩 | 1. 不具水溶性，緩效性<br>2. 不易受到土壤的固定<br>3. 化學的鹼性（pH 10）<br>4. BM熔磷保證有硼與錳 |
| | 苦土重燒磷 | 磷礦石、磷酸碳酸鈉 | 1. 具水溶性與檸檬酸溶解性，對長期、短期的作物都有效<br>2. 苦土（鎂）的肥效高<br>3. BM苦土重燒磷保證有硼與錳<br>4. 生理的中性 |
| | 粒狀磷肥 | 磷酸酸液、苦土石灰、礦渣矽、酸質含有物 | 1. 屬中度水溶性與檸檬酸溶解性的特性<br>2. 可提供不會提高pH值的磷酸與鹼基<br>3. BM粒狀磷肥保證有硼與錳 |

重金屬的話，砷、鎘、鎳、鉻、鈦、汞、鉛等7種被指定爲有害成分。

③的其他必要對應條件，依肥料的種類而不同，例如熔磷等顆粒若不細小的話，因其效果不容易呈現，所以粒度（粒的大小）已經被規定了。

此外，公定標準（獨）公告於農林水產消費安全技術中心的網頁（http://www.famic.go.jp/ffis/fert/index.html）。

## ●張貼保證票與標示品質的義務

對於普通肥料，有張貼「保證票」的義務。依業者的種類，保證票分爲「生產業者保證票」、「輸入業者保證票」及「販售業者保證票」，不管如何都有標示保證成分量（%）、原料的種類、材料的種類等義務。

此外，有關特殊肥料中的堆肥與動物的排泄物，對其中所含的已知主要成分，具有需要標示品質的義務。這是「基於肥料管理法標示」所需，要寫在袋子上面。

甚至，與上述的登記與申請相同，轉讓給他人時，即使是免費轉讓也必須要有這些標示。以畜牧農戶爲例，動物的排泄物若使用在自家的農地時，即使未標示品質也不會有問題，但如果將其轉讓給他人時，有義務對這些排泄物進行成分分析，並貼上標示品質的標籤。

## ●指示施用上應注意等的標示

有關農林水產大臣或都道府縣知事批准的肥料，有義務要明確標示下列幾項，包含施用上要注意的事項、保管上要注意的事項、原料的使用比例與品質、效果。

例如，石灰氮素中含有一種叫做氰胺的成分，因爲施用後若喝酒會引起惡醉，所以針對以石灰氮素爲原料所製成的肥料，必須標示「施用後24小時內不可飲酒」。

＊肥料管理法的全文公告於總務省所經營法令資料提供系統e－Gov（http://law.e-gov.go.jp/htmldata/S25/S25HO127.html）。

# 日本肥料管理法的概要

## ●肥料管理的目的

肥料管理法是於1950年（昭和25年）被制定的法律，此後根據所需進行了一系列的修訂。目的是爲了保全肥料品質與交易公平性，及確保能安全施用，這是爲了維持與增進農業生產力，而最終目標是保護國人的健康。

在該管理法中，與肥料使用者有較深關係的部分如以下所述。

・肥料的區分與登記

・普通肥料的公定標準

・張貼保證票與標示品質的義務

・指示施用上應注意等的標示

## ●肥料的區分與登記

肥料大致分爲「普通肥料」（特殊肥料以外的肥料）與「特殊肥料」（農林水產大臣所指定的米糠、堆肥等）（第64頁）。有關要進行生產與販售之種類，必須要向農林水產大臣或都道府縣知事進行申報或登記。雖然自產自用的肥料無需登記，但若是要給其他人使用時，即使是無償提供，也必須要去申請登記。

此外，依2003年（平成15年）的修訂，所含成分若會殘留在植物中時，根據施用方法可能會產生對人畜有害之農產品的肥料，被指定爲「特定普通肥料」。特定普通肥料的施用方法與標準已被訂定，使用者被要求要遵守。萬一發生違規的情形，使用者也將受到處罰。此外，截至2014年6月，尚未有被指定爲特定普通肥料的產品，因此無需特別注意，然而使用者針對後面介紹之普通肥料的「保證票」，與對特殊肥料之「基於肥料管理法標示」等必須仔細閱讀與適當使用才是重要的。

## ●普通肥料的公定標準

普通肥料因爲無法透過目測了解品質，故訂定了公定標準。

依所訂定的公定標準具有一定的品質保證，此外，不同品牌的品質也有很大差異。

所訂定的公定標準如下所述：

①主要成分（氮、磷、鉀等）的最小量與最大量

②有害成分的最大量

③其他必要對應的條件（粉末度、原料、食害試驗的進行等）

②的有害成分，包含可妨礙植物生長，且對人類健康可能有害的成分。若爲

# 日本地力增進法的概要

## ●地力增進法的目的

地力增進法是於 1984年（昭和 59 年）所施行的法律。日本農業用地的土壤，原本的基礎材料就不良，其中許多土地的生產力都很低。此外，降雨機率高、山坡多，導致養分容易流失。甚至，因有機物質施用量的減少等原因，讓人擔心地力會下降。

在這種狀況下，透過爲農民制定可增進土壤肥力的技術指南，並依法訂定土壤改良資材的品質標示，就有可能提高土壤肥力，進而達到提高農業生產力的目的。

## ●土壤改良資材的品質標示

在地力增進法中，除肥料外，施用於土壤後可改善土壤物理性與生物性效果的資材，稱爲土壤改良資材。目前，被政府指定的資材有12種（第100頁）。

關於這些資材需具有標示其品質的義務，除名稱外，還有義務要標示包含原料與用途、施用方法等。

| 基於地力增進法標示 | |
|---|---|
| 土壤改良資材的名稱 | ○○炭 |
| 土壤改良資材的種類 | 木炭 |
| 標示者的姓氏、名字及住址 | 公司○○<br>○○縣○○市…… |
| 淨重 | ○○公升 |
| 原料 | ○○之樹皮碳化後的產物 |
| 單位容積質量 | 1L相當於○○kg |
| 用途（主要的效果） | 改善土壤的透水性 |
| 施用方法<br>（A）標準的施用量<br>該土壤改良資材的標準施用量，10a於用○○kg<br>（B）施用時應注意事項<br>該土壤改良資材，若露出於土表時可能會因風雨而流失，此外，無法確認是否會在土壤中形成有效層，請在施用時充分與土壤混合。 | |

土壤改良資材品質標示的案例（木炭）

## ●地力增進基本指南

原本的地力增進法，是針對改善土壤之基本性質爲目標所訂定的指南。於2008年（平成20年），則是針對保持／提高土壤肥力，與朝向環境保全型農業的轉變而被修正。

除改善目標值（上限值或下限值）外，還制定了堆肥施用標準值，並以有機質與肥料的適當施用爲重心，建議朝推廣土壤管理進行。

關於改善目標，分爲水田、一般農田、果園，具體的改善目標值與堆肥施用標準值，可在農林水產省等網站上進行查閱（http://www.maff.go.jp/j/seisan/kankyo/hozen_type/h_dozyo/houritu.html）。

# 肥料配方的適合性

關於肥料，很少使用單一種，常會與幾種肥料組合（混合）使用。然而，肥料也會因混合而喪失肥料的成分，並伴隨產生風險。

■肥料混合之適用表

| | 硫銨 | 鹽銨（氯化銨） | 硝銨 | 尿素 | 石灰氮素 | 過磷酸鈣 | 熔磷 | 苦土過磷酸鈣 | 重燒磷 | 硫酸鉀 | 氯化鉀 | 草木灰 | 魚渣、油粕 | 骨粉 | 雞糞 | 堆肥 | 綠肥 | 生石灰 | 熟石灰 | 碳酸鈣 | 硫酸鎂 | 氫氧化鎂 | 碳酸鎂 | 矽酸鈣 |
|---|---|---|---|---|---|---|---|---|---|---|---|---|---|---|---|---|---|---|---|---|---|---|---|---|
| 硫銨 | | ▲ | ▲ | ○ | × | ○ | × | ○ | ○ | ○ | ○ | × | ○ | ○ | ▲ | ▲ | ▲ | × | × | ▲ | ○ | × | × | × |
| 鹽銨（氯化銨） | ▲ | | ▲ | ▲ | × | ▲ | × | ▲ | ○ | ▲ | ▲ | × | ○ | ○ | ▲ | ▲ | ▲ | × | × | ▲ | ▲ | × | × | × |
| 硝銨 | ▲ | ▲ | | ▲ | × | ▲ | × | ▲ | ▲ | ▲ | ▲ | × | × | ▲ | × | × | × | × | × | ▲ | ▲ | × | × | × |
| 尿素 | ○ | ▲ | ▲ | | ▲ | ▲ | ○ | ▲ | ○ | ▲ | ▲ | ▲ | ▲ | ○ | ▲ | ▲ | ▲ | ▲ | ▲ | ▲ | ▲ | ▲ | ▲ | ▲ |
| 石灰氮素 | × | × | × | ▲ | | × | ○ | × | ▲ | ▲ | ▲ | ○ | ○ | ○ | ○ | ▲ | ○ | ○ | ○ | ○ | | ○ | ○ | ○ |
| 過磷酸鈣 | ○ | ▲ | ▲ | ▲ | × | | ▲ | ○ | ○ | ○ | ▲ | × | ○ | ○ | ○ | ○ | ○ | × | × | ▲ | ○ | × | × | × |
| 熔磷 | × | × | × | ○ | ○ | ▲ | | × | ○ | ○ | ○ | ○ | ○ | ○ | ▲ | ▲ | ○ | ▲ | ○ | ○ | ○ | ○ | ○ | ○ |
| 苦土過磷酸鈣 | ○ | ▲ | ▲ | ▲ | × | ○ | × | | ○ | ○ | ▲ | × | ○ | ○ | ○ | ○ | ○ | × | × | ▲ | ○ | × | × | × |
| 重燒磷 | ○ | ○ | ▲ | ○ | ▲ | ○ | ○ | ○ | | ○ | ○ | ○ | ○ | ○ | ○ | ○ | ○ | ▲ | ▲ | ▲ | ○ | ▲ | ▲ | ▲ |
| 硫酸鉀 | ○ | ▲ | ▲ | ▲ | ▲ | ○ | ○ | ○ | ○ | | ○ | ○ | ○ | ○ | ○ | ○ | ○ | ▲ | ○ | ○ | ○ | ○ | ○ | ○ |
| 氯化鉀 | ○ | ▲ | ▲ | ▲ | ▲ | ▲ | ○ | ▲ | ○ | ○ | | ○ | ○ | ○ | ○ | ○ | ○ | ▲ | ▲ | ○ | ○ | ○ | ○ | ○ |
| 草木灰 | × | × | × | ▲ | ○ | × | ○ | × | ○ | ○ | ○ | | ○ | ○ | ▲ | ▲ | ○ | ○ | ○ | ○ | ○ | ○ | ○ | ○ |
| 魚渣、油粕 | ○ | ○ | × | ▲ | ○ | ○ | ○ | ○ | ○ | ○ | ○ | ○ | | ○ | ○ | ○ | ○ | ○ | ○ | ○ | ○ | ○ | ○ | ○ |
| 骨粉 | ○ | ○ | ▲ | ○ | ○ | ○ | ○ | ○ | ○ | ○ | ○ | ○ | ○ | | ○ | ○ | ○ | ▲ | ○ | ○ | ○ | ○ | ○ | ○ |
| 雞糞 | ▲ | ▲ | × | ▲ | ○ | ○ | ▲ | ○ | ○ | ○ | ○ | ▲ | ○ | ○ | | ○ | ○ | × | ▲ | ○ | ○ | ▲ | ▲ | ▲ |
| 堆肥 | ▲ | ▲ | × | ▲ | ▲ | ○ | ▲ | ○ | ○ | ○ | ○ | ▲ | ○ | ○ | ○ | | ○ | × | × | ▲ | ○ | × | × | × |
| 綠肥 | ▲ | ▲ | × | ▲ | ○ | ○ | ○ | ○ | ○ | ○ | ○ | ○ | ○ | ○ | ○ | ○ | | ○ | ○ | ○ | ○ | ○ | ○ | ○ |
| 生石灰 | × | × | × | ▲ | ○ | × | ▲ | × | ▲ | ▲ | ▲ | ○ | ○ | ▲ | × | × | ○ | | ○ | ○ | ○ | ○ | ○ | ○ |
| 熟石灰 | × | × | × | ▲ | ○ | × | ○ | × | ▲ | ○ | ▲ | ○ | ○ | ○ | ▲ | × | ○ | ○ | | ○ | ○ | ○ | ○ | ○ |
| 碳酸鈣 | ▲ | ▲ | ▲ | ▲ | ○ | ▲ | ○ | ▲ | ▲ | ○ | ○ | ○ | ○ | ○ | ○ | ▲ | ○ | ○ | ○ | | ○ | ○ | ○ | ○ |
| 硫酸鎂 | ○ | ▲ | ▲ | ▲ | | ○ | ○ | ○ | ○ | ○ | ○ | ○ | ○ | ○ | ○ | ○ | ○ | ○ | ○ | ○ | | ○ | ○ | ○ |
| 氫氧化鎂 | × | × | × | ▲ | ○ | × | ○ | × | ▲ | ○ | ○ | ○ | ○ | ○ | ▲ | × | ○ | ○ | ○ | ○ | ○ | | ○ | ○ |
| 碳酸鎂 | × | × | × | ▲ | ○ | × | ○ | × | ▲ | ○ | ○ | ○ | ○ | ○ | ▲ | × | ○ | ○ | ○ | ○ | ○ | ○ | | ○ |
| 矽酸鈣 | × | × | × | ▲ | ○ | × | ○ | × | ▲ | ○ | ○ | ○ | ○ | ○ | ▲ | × | ○ | ○ | ○ | ○ | ○ | ○ | ○ | |

○：組合後良好的產品　▲：組合後要馬上用的產品　×：無法組合的產品

（資料：清和肥料工業網頁「有機質肥料講座」）

## ●考試的區分與資格

考試階段由低往高分成3個等級。

| 資格 | 檢定試驗 | 所需水準 |
|---|---|---|
| 土壤醫 | 土壤醫檢定1級 | 對土壤改良擁有高度相關知識、技術，此外，具有5年以上指導成就或從農時具有持續進行土壤改良並獲得成就者，還有具開立處方箋與改善施肥及指導改善作物生長等能力者 |
| 土壤改良專家 | 土壤醫檢定2級 | 擁有較高土壤改良相關知識、技術外，亦具有開立土壤診斷之處方箋能力者 |
| 土壤改良顧問 | 土壤醫檢定3級 | 擁有土壤改良相關基礎的知識、技術，亦具有對土壤改良提出建議能力者 |

## ●考試內容

| 資格名稱 | 土壤醫 | 土壤改良專家 | 土壤改良顧問 |
|---|---|---|---|
| 區　　分 | 1級 | 2級 | 3級 |
| 考試次數 | 年1次 | 年1次 | 年1次 |
| 試驗方法 | 學科考試＋申論題測試＋業績資料 | 學科考試 | 學科考試 |
| 考試資格 | 具指導土壤改良或具從農成就5年以上 | 無 | 無 |
| 出題範圍 | 除具有2 級程度的知識外，還要加上土壤診斷與作物生長之間的相關性及對策（處方箋）之指導能力知識與業績（土壤化學性、物理性、生物性與農作物的安定生產、提高品質的對策、農作物之生長障礙與對策、減輕對環境負擔與提升農作物品質為目的的對策技術等） | 除具有3級程度的知識外，還要加上開立施肥改善之處方箋的知識（作物生長與化學性、物理性、生物性的診斷、診斷結果的對策、肥料、土壤改良資材、堆肥的種類與特色、主要作物的生長特性與施肥管理、土壤診斷進行的方法與調查測定等） | 土壤改良與作物生長之相關基礎知識（作物健全的生長與土壤環境、作物生長與土壤化學性、物理性、生物性之間的關聯、土壤管理、施肥管理、主要作物的施肥特性、土壤診斷的內容與進行方法等） |
| 學科考試問題數 | ・電腦讀卡方式<br>4選一　50題<br>（配分50 分）<br>・申論方式　約5題<br>（配分25 分）<br>・業績資料*<br>（配分25 分） | 60題 | 50題 |
| 解答方式 | | 電腦讀卡方式<br>4選一 | 電腦讀卡方式<br>3選一 |
| 合格標準 | 70分以上，但是，「業績資料」未達20分以上者，即使是70分以上亦屬不合格 | 要答對40題以上 | 要答對30題以上 |

*關於業績資料，包含①土壤改良指導；②土壤改良相關調查研究；③對土壤改良之實務操作相關的項目，可給予改善作物的生長與降低成本相關土壤改良的業績（請附上參考資料、照片），考試當天向相關事務局提出（細部事項會於簡章內說明）。

## ●什麼是土壤醫檢定

隨著營養過剩農田的增加、肥料價格飛漲等問題，依土壤診斷後進行適當施肥，是農業上非常重要的課題。但是，對於能夠指導如何改良土壤的人才卻越來越少。

爲了改善這種狀況，（一財）日本土壤協會（以下簡稱協會），正在培養能夠對土壤改良提供良好建議與指導的人才，並擴大對關切土壤改良相關人士的基礎，「土壤醫檢定考試」自2012年（平成24年）度開始進行。

於相關考試中，不僅有與土壤相關的知識，還需要具備土壤改良與作物生長、產量、品質之間存在什麼關係的知識。

## ●合格者的優勢

・依合格所對應的等級，可給予「土壤醫」、「土壤改良專家」、「土壤改良顧問」之正式名稱（必須向協會登錄）。

・可作爲向農業相關企業與團體等求職活動時的證照。

## ●網站

報名方式與考試日期、考試會場等，公告在下面的網站，並揭露如何準備考試之對策研修會的日期等。

「土壤醫檢定考試　官方網站」URL：http://www.doiken.or.jp/

## ●聯絡方式

一般財團法人　日本土壤協會內　土壤醫檢定考試事務局

〒101-0051　東京都千代田區神田神保町1-58　パピルスビル6 階

TEL：03-3292-7281　FAX：03-3219-1646

## ●參考書

用於土壤醫檢定考試的參考書，以下所列書籍在協會有販售。

・1 級考試參考書

新版　土壤診斷與對策（土壤醫檢定1 級對應參考書）

價格：本體4,300日圓＋稅

・2 級考試參考書

新版　土壤診斷與作物生育改善（土壤醫檢定考試2 級對應參考書）

價格：本體3,800日圓＋稅

・3 級考試參考書

土壤改良與作物生產（土壤醫檢定考試3 級對應參考書）

價格：本體1,800日圓＋稅

上岡誉富『かんたん！　プランター菜園コツのコツ』農文協、2005
加藤哲郎『知っておきたい土壌と肥料の基礎知識』誠文堂新光社、2012
加藤哲郎『押さえておきたい土壌と肥料の実践活用』誠文堂新光社、2012
久間一剛『土とは何だろうか？』京都大学学術出版会、2005
久間一剛『土の科学』PHP研究所、2010
後藤逸男・監修『基本からわかる土と肥料の作り方・使い方』家の光協会、2012
齋藤進『もっと上手に市民農園』農文協、2012
『土壌診断と生育診断の基礎』日本土壌協会、2012
『土壌診断と作物生育改善』日本土壌協会、2012
『土壌診断と対策』日本土壌協会、2013
藤原俊六郎『新版　図解　土壌の基礎知識』農文協、2013
水口文夫『家庭菜園コツのコツ』農文協、1991
村上睦朗、藤田 智『もっと野菜がおいしくなる家庭菜園の土づくり入門』家の光協会、2009
渡辺和彦、後藤逸男ほか『土と施肥の新知識』全国肥料商連合会、2012

「土づくりとエコ農業」日本土壌協会
「月刊　現代農業」農文協

「土壌診断によるバランスのとれた土づくり　Vol.1」日本土壌協会、2008
「土壌診断によるバランスのとれた土づくり　Vol.2」日本土壌協会、2009
「土壌診断によるバランスのとれた土づくり　Vol.3」日本土壌協会、2010

都道府県施肥基準等（http://www.maff.go.jp/j/seisan/kankyo/hozen_type/h_sehi_kizyun/）
農林水産省
営農PLUS（http://www.yanmar.co.jp/campaign/agri-plus/soil/index.html）YANMAR

## 一般財團法人　日本土壤協會

（會長：松本聰／東京大學名譽教授、農學博士）

成立於1951年（昭和26年）。成立目的除增進土地生產力與促進土壤健全化外，還推動環境保全型農業，並對國土資源的有效活用與穩定農業生產做出貢獻。其主要活動，包括土壤醫檢定考試的實施、土壤改良與土壤保全相關調查、出版與資訊等。
主要的刊物，除雙月刊發行的「土壤製備與生態農業」外，還包含「堆肥等有機物分析法」等刊物。

■照片提供（以下隨機排列，省略敬稱）

NPO法人靜岡時代／小川健一／倉持正美／清水武／住友化學園藝（株）／（株）竹村電機製作所／（獨）農業環境技術研究所／（株）堀場製作所／睦澤町／渡邊和彥

國家圖書館出版品預行編目（CIP）資料

圖解土壤和肥料的基礎 / 日本土壤協會著 ；
鍾文鑫譯. -- 初版. -- 臺北市 : 五南圖書
出版股份有限公司, 2023.04
面 ； 公分
ISBN 978-626-343-864-4(平裝)

1.CST: 土壤 2.CST: 肥料

434.22 112002417

5N49

# 圖解土壤和肥料的基礎

作　　者 — 一般財團法人　日本土壤協會
譯　　者 — 鍾文鑫
發 行 人 — 楊榮川
總 經 理 — 楊士清
總 編 輯 — 楊秀麗
主　　編 — 李貴年
責任編輯 — 何富珊
出 版 者 — 五南圖書出版股份有限公司
地　　址：106臺北市大安區和平東路二段339號4樓
電　　話：(02)2705-5066　傳　　真：(02)2706-6100
網　　址：https://www.wunan.com.tw
電子郵件：wunan@wunan.com.tw
劃撥帳號：01068953
戶　　名：五南圖書出版股份有限公司

法律顧問　林勝安律師

出版日期　2023年 4 月初版一刷
定　　價　新臺幣380元